U0156703

谨以此书献予

北京大学物理学科110周年

北京大学教材建设规划项目

21世纪物理规划教材

激光离子加速物理及应用

Physics and Applications of Ion Acceleration Driven by Lasers

颜学庆　主编

北京大学出版社
PEKING UNIVERSITY PRESS

图书在版编目 (CIP) 数据

激光离子加速物理及应用 / 颜学庆主编 . — 北京：北京大学出版社，2023.10
21 世纪物理规划教材
ISBN 978−7−301−34625−9

Ⅰ.①激…　Ⅱ.①颜…　Ⅲ.①等离子体加速－教材　Ⅳ.① TL61

中国国家版本馆 CIP 数据核字 (2023) 第 213688 号

书　　　　名	激光离子加速物理及应用
	JIGUANG LIZI JIASU WULI JI YINGYONG
著作责任者	颜学庆　主编
责 任 编 辑	顾卫宇
标 准 书 号	ISBN 978−7−301−34625−9
出 版 发 行	北京大学出版社
地　　　　址	北京市海淀区成府路 205 号　100871
网　　　　址	http：//www.pup.cn　新浪微博：@ 北京大学出版社
电 子 信 箱	zpup@pup.pku.edu.cn
电　　　　话	邮购部 010−62752015　发行部 010−62750672　编辑部 010−62752021
印 刷 者	北京虎彩文化传播有限公司
经 销 者	新华书店
	787 毫米 ×1092 毫米　16 开本　13.75 印张　277 千字
	2023 年 10 月第 1 版　2023 年 10 月第 1 次印刷
定　　　　价	45.00 元

未经许可，不得以任何方式复制或抄袭本书之部分或全部内容。
版权所有，侵权必究
举报电话：010−62752024　电子信箱：fd@pup.pku.edu.cn
图书如有印装质量问题，请与出版部联系，电话：010−62756370

序 (一)

激光加速器的电场梯度比常规射频加速器高三个量级以上, 可以让大型加速器尺寸和造价显著降低. 激光固体靶和临界密度靶相互作用过程中, 还可以产生比现有加速器束流密度高十个量级以上的瞬态超短离子束和高亮度 γ 光子, 有望为医学物理、核物理和粒子物理提供一种新的研究手段. 激光加速器的深入研究将掀起一场新的科学技术革命, 将对粒子物理与核物理、天体物理, 以及生命和材料等学科产生深远影响.

激光加速的概念最早由美国物理学家 Tajima 和 Dawson 在 1979 年提出, 2006年 Leemans 等人率先证实了 GeV 单能电子加速的可行性, 取得了里程碑式的进展. 国内中科院上海光学精密机械研究所、中国工程物理研究院、中科院物理研究所等单位率先开展了激光加速相关研究, 随后多个高校相继开展了激光加速的理论、实验和应用的研究. 在中国物理学会高能量密度物理专业委员会和粒子加速器分会的进一步支持和推动下, 越来越多的青年学者和学生进而被吸引到这个新兴领域来. 激光加速与应用是应用物理学中的一个分支, 它涉及诸多不同学科领域, 例如激光物理、等离子体、加速器、控制、材料和生物医学等. 目前国内还没有一本系统介绍激光离子加速的教材, 刚刚进入本领域的青年学者们通常需要翻阅大量文献, 才能了解本领域的基础知识和前沿进展. 本书系统地介绍了激光等离子体基础理论和数值模拟方法, 加速物理机制, 超短超强激光, 加速靶材制备, 加速器束流传输与诊断以及束流应用等内容, 可以帮助青年学者快速入门.

北京大学长期关注新型加速原理和方法, 从本世纪初开始重离子物理研究所启动了激光粒子加速方面的探索, 随后开始了加速理论研究、实验探索和应用研究, 建成了一台激光质子加速器装置, 并已经服务于怀柔科学城的建设. 本书的内容既是过去 20 多年北京大学激光加速器研发工作的总结, 也对加速器物理学科的发展具有重要意义.

明年我们将迎来北京大学物理学科建立 110 周年和北京大学重离子物理研究所建所 40 周年. 在此, 我诚恳地祝愿本书的出版能为我国加速器学科的教学科研工作起到重要的贡献.

陈佳洱

2022 年 6 月 15 日

序 (二)

北京大学物理学院颜学庆教授日前来电,告诉我说他正在主持编写《激光离子加速物理及应用》,作为大学物理教材,并望我为其作序. 于是我欣然命笔,记录下我的思绪与感受.

2018 年诺贝尔物理学奖授予了提出啁啾脉冲放大 (CPA) 技术的 Mourou 教授和 Strickland 教授. 自从 CPA 技术发明以来,超短超强激光的聚焦光强已经提高了 8 个数量级,因此它在诸多科学研究和实际生活中的应用也更加广泛,其中一个重要的应用领域就是粒子加速. 粒子加速是宇宙中普遍存在的自然现象之一,上个世纪科学家们对常规加速器物理及应用取得了丰硕的研究成果. 据统计,自诺贝尔奖设立以来,几乎有一半的诺贝尔物理学奖获奖项目都与粒子加速方面的研究相关,因此可以说粒子加速的研究推动了人类科技文明的进步.

激光尾波加速的概念由美国物理学家 Tajima 和 Dawson 在 1979 年提出,随后国内外很多单位开展了激光加速的研究工作,我本人也曾经在 2013 ~ 2018 年作为首席科学家领衔 "超强激光驱动的粒子加速及其应用" 这一超级 973 项目的研究,大幅度加速了我国从 "激光加速机制研究" 到 "激光加速器研究" 的转变进程. 近年来,在中国物理学会高能物理分会的支持下,等离子体加速专业委员会得以成立. 在中国物理学会的支持下,高能量密度物理专业委员会也将激光加速作为高能量密度物理青年论坛的一个重要内容.

激光加速与应用是一个典型的多学科交叉的新兴学科,涉及激光、等离子体、加速器、控制、材料、能源和生物医学等多个领域,很多知识零星地分布在多本参考书和各种最新文献中,大学学生们难以获得成体系的激光加速及其应用的相关知识. 刚刚进入本领域的青年学者们也非常渴望阅读教材性质的书籍,以便能够全面地了解激光加速及其应用的基本概念、基本方法和基本理论. 这就是本教材的编写背景和重要意义.

《激光离子加速物理及应用》简要而系统地介绍了激光等离子体基础理论和数值模拟方法,加速物理机制,超短超强激光,加速靶材制备,加速器束流传输与诊断以及瞬态束流应用等内容,反映了本领域的最新进展. 更加有意义的是,本书还是我国科研工作者在该领域多年来研究成果的总结与集中展示,记录了我国在激光加速研究领域研究实力和影响力从弱到强的过程,因此对加速器物理学科和高能量密度物理学科的建设和发展都具有重要价值.

2023 年恰逢北京大学开始物理学教育 110 周年的时间节点, 本书的出版也将为北大物理学院奉上一份珍贵的生日礼物. 作为北大的老朋友, 也作为上海交大的老校长和中国物理学会的理事长, 我也在此提前恭祝北大物理学科 110 周年生日快乐.

是以为序, 与读者共飨.

张 杰

2022 年 6 月 15 日

自 序

2004 年激光尾场电子加速取得里程碑式突破, 由于其在高能物理和应用领域具有重要的意义, 2018 年 Mourou 和 Strickland 也因此被授予诺贝尔物理学奖.

随着激光技术的发展, 激光驱动粒子加速研究取得了令人瞩目的进展. 国内很多大学都有研究人员从事等离子体加速研究, 相关研究成果也越来越受到关注. 北京市近期批准由北京大学牵头在怀柔科学城建设 "北京激光加速创新中心" 交叉平台, 推动激光加速在医学、核科学、能源和高能量密度物理等领域的应用, 可为未来国家重大科学基础设施 "北京激光加速器设施" 奠定前期基础. 中国物理学会粒子加速器分会还专门成立一个 "等离子体加速" 专业委员会, 该委员会和高能量密度物理专业委员会一起组织和发起了 "高能量密度物理青年科学家论坛" 系列会议, 近年来参会人数已经达到 300 ~ 400 人 (前几届举办地点分别在北京大学、清华大学、上海交通大学、中国科技大学、贵州 FAST 和国防科技大学), 并在持续增长, 是一个充满活力的前沿交叉方向.

各个大学和科研院所也陆续开设了激光加速或激光等离子体相互作用的课程, 例如在北京大学物理学院已经开设了 "量子束流物理" "加速器物理基础" "激光加速原理导论" "激光等离子体物理相互作用" 和 "高亮度 X 射线源导论" 等面向本科生和研究生的专业课程; 但是到目前为止还没有一本合适的教材. 相关知识零星地分布在各种参考书和最新的文献中, 学生们往往缺少成体系的知识获得渠道. 2020 年由于突发的疫情, 学生们都只能在家里, 不能开展正常线下教学, 这也进一步突出了教学问题. 为此, 笔者决心组织迅速撰写一系列面向高年级本科生和研究生的专业教材, 以期改变这个困境, 更好地向他们介绍激光加速和相关应用的最新知识. 本书是这个系列中的第一本教材, 介绍激光等离子体的基础知识和研究方法, 重点关注离子加速研究, 后续希望能够再推出其他相关方向的教材.

回顾 20 年前, 当时学校加速器学科发展面临人员少、经费不足等困境, 亟需寻找新的研究方向. 时任重离子所所长的郭之虞教授邀请盛政明教授来北大任客座教授, 帮助北大开展先进加速方面的研究工作. 此后, 北大团队逐步开始了激光离子加速方面的研究, 从零开始提出理论、建成样机, 逐步开始了激光加速器的应用和推广, 在团队所有成员齐心协力的努力下建成了 CLAPA I 装置, 又设计并即将在怀柔综合性国家研究中心开建 CLAPA II 装置. 这些工作为本书的撰写提供了源泉和一手资料.

　　在本书即将出版之际, 感慨万千. 首先要衷心感谢陈佳洱老师, 在他 "顶天立地" 精神的鼓励和感召下新方向逐步发展起来. 这里尤其离不开后面陆续加入 CLAPA 实验室的众多同事们的努力, 其中有: 林晨、马文君、卢海洋、朱昆、赵研英、耿易星和袁忠喜等. 在他们之中, 付出了大量心血, 直接或者间接参与了本书编写工作的有: 林晨、马文君、赵研英、耿易星、朱昆等. 部分研究生和博士后参与了部分章节内容的撰写, 其中有: 吴学志、王科栋、寿寅任、唐宇辉、吕建锋、许天琦、李昱泽、刘志鹏、李东彧、孔德锋、徐诗睿、陈式友、齐贵君、夏宇辉、梅竹松、彭梓洋、张慧、晏炀、葛慧玲等, 没有他们不可能在短时间内完成这本教材. 在博士生吴学志的组织下, 夏宇辉、张剑尧、吕建锋和马谦益还负责了本书文字、公式、格式的整理工作. 本书的编写过程中还得到了湖南大学余金清教授、上海交通大学陈民教授等的大力支持和帮助, 在此表示衷心感谢.

颜学庆

于北京

2022 年 7 月 5 日

目　　录

第 1 章 绪 论

粒子加速器是利用人工方法加速带电粒子的科学装置, 是人类认识微观世界必不可少的工具. 20 世纪很多基础研究重大发现都可以归功于加速器的建造和使用. "上帝粒子"——希格斯粒子的发现成就了 2013 年诺贝尔物理学奖的归属, 粒子加速器也又一次成为人们视线的焦点.

传统的粒子加速器按粒子能量界定[1], 可分为低能加速器 (能量低于 10^8eV)、中能加速器 (能量在 $10^8 \sim 10^9$eV)、高能加速器 (能量在 $10^9 \sim 10^{11}$eV) 和超高能加速器 (能量高于 10^{11}eV). 按作用原理不同可分为静电加速器、直线加速器、电子感应加速器、回旋加速器、同步加速器、对撞机等. 世界上最大且加速能量最高的粒子加速器是如图 1.1 所示的位于欧洲的大型强子对撞机 (Large Hadron Collider, LHC), 该装置利用两束能量为 6.8TeV 的质子束相互碰撞, 粒子能量可高达 13.6TeV[2].

图 1.1 欧洲大型强子对撞机 (LHC)

基础研究和前沿探索推动着粒子加速器技术的不断进步, 传统粒子加速器也因此取得了巨大的成就. 然而, 随着对基础物理和宇宙奥秘探索等研究的深入, 科学家们仍渴求得到更高能量的粒子. 但对于传统粒子加速器, 粒子能量的继续提高受到了材料、资源和经济的制约. 对于普通的介质材料, 真空条件下强度高于 10^8V/m 的加速电场将导致材料的击穿和破坏, 因此加速梯度被限制在 100 MV/m 以下. 空间资源上, 加速器尺寸随粒子能量的提升而增加, 庞大的体积占据了大量的土地资源. 例如, 美国斯坦福 SLAC 国家加速器实验室的直线电子加速器的长度为 3 km, 上面提到欧洲的 LHC 周长为 27km, 正在预研的中国环形正负电子对撞机 (CEPC) 和欧洲环形对撞机 (FCC) 周长在 100 km 量级[3]. 费米曾经预测, 如果利用传统加速器把粒子能量加速到 PeV 量级, 粒子加速长度需要环绕地球一周. 这些加速器的尺寸已经达到人们所能承受的极限, 也带来了非常高昂的工程造价.

庞大的占地面积和昂贵的造价是目前传统加速器向更高能量发展的巨大瓶颈, 找到突破传统加速梯度限制的新加速方式迫在眉睫. 激光等离子体加速方法 (Laser Plasma Acceleration, LPA) 是 1979 年由 Tajima 和 Dawson 提出的一种新加速机制[4], 在近几十年里有关的理论和实验研究获得了蓬勃发展, 有希望成就下一代新型高梯度加速器.

随着激光技术的不断发展, 人们对激光加速带电粒子的研究展现出极大的兴趣. 超强激光与等离子体相互作用时, 可以在等离子体内部激发出非常强的等离子体电场 (例如电荷分离场). 该电场强度可高达非相对论波裂场 (wave breaking field) 的量级:

$$E_0[单位: V/cm] \approx 0.96\{n_0[单位: cm^{-3}]\}^{1/2}, \tag{1.1.1}$$

当等离子体密度 $n_0 = 10^{18} cm^{-3}$ 时, $E_0 \approx 100 GV/m$, 比传统的加速器高三个量级, 为加速器的小型化提供了条件. 在本书中, 将这种基于超强激光与等离子体相互作用的新型粒子加速器称为激光等离子体加速器, 或简称为激光加速器.

激光粒子加速领域的研究离不开激光技术的飞速发展. 1960 年世界上第一台红宝石固体激光器诞生以来[5], 人类对激光的利用和相关科学技术发展就不断开创新的纪元. 图 1.2[6] 给出了激光聚焦强度随年代的变化及相应能段的物理学研究对象. 激光器的发展先后经过几次重大的技术革新, 最初自由运转激光器的脉宽约几

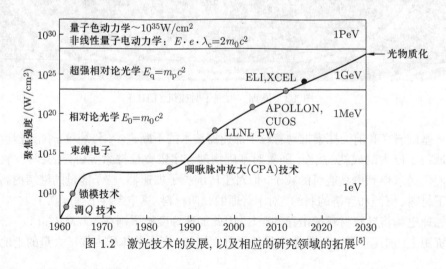

图 1.2 激光技术的发展, 以及相应的研究领域的拓展[5]

百个 μs, 峰值强度为 kW 量级. 调 Q 技术出现后, 激光脉宽可缩减至 ns (纳秒, 即 10^{-9}s) 的时间尺度, 功率达到 MW (10^6W) 量级. 随后, 锁模技术和宽频带染料的使用使得激光脉宽达到 ps (皮秒, 即 10^{-12}s) 水平, 峰值功率密度高达 GW (10^9W) 量级[7,8]. 此时的激光光强超过 10^{13}W/cm^2, 原子会在强激光下发生多光子电离和隧道电离等过程, 激光和物质的相互作用进入原子物理领域. 20 世纪 70 年代, 由于激光在驱动惯性约束核聚变 (ICF) 方面的前景, 激光与等离子体相互作用过程开始被大量研究. 20 世纪 80 年代, 有人提出了在激光驱动的强磁场中加速质子的方案[9], 但这个阶段即使使用大型激光器, 离子的能量也低于 1MeV, 还需要等待超强激光器的诞生.

随着掺钛蓝宝石新型激光介质的发现 (1982 年), 克尔透镜锁模技术的出现 (1991 年), 尤其是啁啾脉冲放大 (CPA) 技术 (1985 年) 的诞生[10], 20 世纪 90 年代, 超短 (几个 ps 甚至几十个 fs (飞秒, 即 10^{-15}s) 脉冲长度) 超强激光成为现实. CPA 技术可以将激光能量主要集中到 fs 的时间尺度, 峰值功率能够达到 TW-PW ($10^{12} \sim 10^{15}$W) 量级, 强度可达到 $10^{18} \sim 10^{22}$W/cm^2. 当激光强度大于 10^{18}W/cm^2 时, 其电磁场的强度可以把电子在一个周期内就加速到接近光速 ($v_{osc} \sim c$), 此时描述电子的运动必须考虑相对论效应, 激光和物质的相互作用进入了相对论激光等离子体物理的新领域[11].

2000 年, 英国 Clark[12]等人和美国 Snavely[13]等人相继发现相对论强度的激光轰击固体靶可以产生 MeV 量级的质子束, 至今激光驱动离子加速研究已经有超过 20 年的历史. 结合 Daido 等人[14]的激光离子加速综述文章, 表 1.1 总结了 2000—2022 年主要的激光离子加速实验参数及结果.

表 1.1　激光驱动离子加速实验总结

文献	激光能量/J	激光脉宽/fs	激光强度/(W/cm^2)	靶材及厚度/μm	质子 (离子) 能量/(MeV/核子)	加速机制
Clark et al (2000)	50	1000	5×10^{19}	Al 125	18	TNSA
Snavely et al (2000)	423	500	3×10^{20}	CH 100	58	TNSA
Krushelnick et al (2000)	50	1000	5×10^{19}	Al 125	30	TNSA
Nemoto et al (2001)	4	400	6×10^{18}	Mylar 6	10	TNSA
Mackinnon et al (2002)	10	100	1×10^{20}	Al 3	24	TNSA
Patel et al (2003)	10	100	5×10^{18}	Al 20	12	TNSA
Spencer et al (2003)	0.2	60	7×10^{18}	Mylar 23	1.5	TNSA

文献	激光能量/J	激光脉宽/fs	激光强度/(W/cm²)	靶材及厚度/μm	质子 (离子)能量/(MeV/核子)	加速机制
Spencer et al (2003)	0.2	60	7×10^{18}	Al 12	0.9	TNSA
McKenna et al (2004)	233	700	2×10^{20}	Fe 100	40	TNSA
Kaluza et al (2004)	0.85	150	1.3×10^{19}	Al 20	4	TNSA
Oishi et al (2005)	0.12	55	6×10^{18}	Cu 5	1.3	TNSA
Fuchs et al (2006)	10	320	6×10^{19}	Al 20	20	TNSA
Neely et al (2006)	0.3	33	1×10^{19}	Al 0.1	4	TNSA
Willingale et al (2006)	340	1000	6×10^{20}	He 喷流 2000	10	TNSA
Ceccotti et al (2007)	0.65	65	5×10^{18}	Mylar 0.1	5.25	TNSA
Robson et al (2007)	310	1000	6×10^{20}	Al 10	55	TNSA
Robson et al (2007)	160	1000	3.2×10^{20}	Al 10	38	TNSA
Robson et al (2007)	30	1000	6×10^{19}	Al 10	16	TNSA
Antici et al (2007)	1	320	1×10^{18}	Si_3N_4 0.03	7.3	TNSA
Yogo et al (2007)	0.71	55	8×10^{18}	Cu 5	1.4	TNSA
Yogo et al (2008)	0.8	45	1.5×10^{19}	Polyimide 7.5	3.8	TNSA
Nishiuchi et al (2008)	1.7	34	3×10^{19}	Polyimide 7.5	4	TNSA
Flippo et al (2008)	20	600	1.1×10^{19}	平顶锥形 Al 10	30	TNSA
Safronov et al (2008)	6.5	900	1×10^{19}	Al 2	8	TNSA
Henig et all (2009)	0.7	45	5×10^{19}	DLC 5.4 nm	13	RPA
Fukuda et al (2009)	0.15	40	7×10^{17}	CO_2+He 喷流 2000	10	TNSA
Zeil et al (2010)	3	30	1×10^{21}	Ti 2	17	TNSA
Gaillard et al (2011)	82	670	1.5×10^{20}	平顶锥形 Cu 12.5	67.5	TNSA
Haberberger et al (2012)	60	3000	6.5×10^{16}	氢气流	20	CSA
Margarone et al (2012)	2	30	5×10^{19}	纳米球 0.535	8.6	TNSA
Kar et al (2012)	200	700	3×10^{20}	Cu 0.1	7	RPA
Hegelich et al (2013)	90	540	2×10^{20}	DLC 58 nm	C 44	BOA
Zhang et al (2015)	8.4	65	3.5×10^{19}	DLC 30 nm	4.7	CSA
Bin et al (2015)	5	50	2×10^{20}	CNF 5+DLC 20 nm	15	RPA
Wagner et al (2015)	190	500	8×10^{20}	Polymer 0.75	61	BOA
Margarone et al (2015)	30	10	7×10^{20}	纳米球 0.72	30	TNSA
Wagner et al (2016)	200	500	2.6×10^{20}	塑料 0.9	85	TNSA
Passonl et al (2016)	7.4	30	4.5×10^{20}	C 泡沫 8+Al 0.75	30	TNSA

续表

文献	激光能量/J	激光脉宽/fs	激光强度/(W/cm²)	靶材及厚度/μm	质子 (离子)能量/(MeV/核子)	加速机制
Kim et al (2016)	8.5	30	6.1×10^{20}	Polymer 15 nm	93	RPA
Zhang et al (2017)	13	55	6.9×10^{19}	塑料 40 nm	9	CSA
Scullion et al (2017)	6	45	6×10^{20}	碳 10 nm	C 25	RPA
Higginson et al (2018)	210	900	3×10^{20}	塑料 80 nm	~ 100	RPA-TNSA
Bin et al (2019)	5	50	2×10^{20}	CNF 8+DLC 20 nm	29	TNSA
Ma et al (2019)	9.2	33	5.5×10^{20}	CNF 80+DLC 20 nm	C 48	RPA-TNSA
Vallieres et al (2019)	220	700	5×10^{20}	纳米粒子+Al 15	50	TNSA
Hong et al (2020)	30	30	5×10^{20}	碳 1	21	TNSA
Dover et al (2020)	10	40	5×10^{21}	钢 5	30	TNSA
Qin et al (2021)	28	35	1.8×10^{20}	Al 10	13.9	TNSA
Raffestin et al (2021)	450	610	7.9×10^{18}	CH 50	51	TNSA
Ziegler et al (2021)	18	30	5.4×10^{21}	Formvar 0.4	70	TNSA
Liu et al (2021)	130	1000	1.5×10^{18}	Au 10	18.9	TNSA
Kuramitsu et al (2022)	10	40	5×10^{21}	石墨烯 8 nm	13.2	TNSA
Keppler et al (2022)	17	120	3×10^{20}	Al 6.5	25	TNSA

经过二十多年的激光离子加速研究, 人们相继提出了靶背鞘层加速 (TNSA), 光压加速 (RPA) 和激波加速 (CSA) 等多种离子加速机制. 实验上, 激光加速产生的质子能量也已接近 100MeV. 相比于传统加速器, 除了加速梯度高带来的尺寸小这一优点之外, 激光产生的高能离子束还具有脉宽窄, 瞬时流强高, 方向性好等特点. 这样的短脉冲、高流强离子束在肿瘤治疗、电磁场诊断、温稠密物质产生、质子照相等多个领域都有巨大的潜在应用价值, 并不断被实验工作所验证. 这些应用也将为磁约束聚变, 惯性约束聚变, 医学物理, 核物理和高能量密度物理等学科的发展提供新的研究手段. 另一方面, 激光等离子体加速器目前还处于实验研究阶段, 还有一些物理问题亟待解决. 例如, 虽然实验上已经初步解决了离子能散, 稳定性和可靠性等问题, 但是实验上还需要想办法进一步提高质子能量到 200MeV 以上. 为了尽快推动激光粒子加速器走向应用, 既需要进一步提高激光的峰值功率和聚焦品质, 也需要我们从物理上更加深入地理解并改进激光等离子体加速过程.

本书主要面向刚刚进入激光等离子体加速领域或对高能量密度物理领域感兴趣的青年学者. 全书从理论、数值模拟、实验、应用多方面介绍了激光离子加速的相关知识, 以期通过本书读者能够成体系、较为全面地对激光离子加速领域有所了

解. 第二章首先介绍数值模拟的相关知识, 包括最常用的粒子模拟 (PIC) 和流体模
拟. 数值模拟是目前研究激光等离子体相互作用的重要手段. 这一章不仅介绍了数
值模拟研究激光等离子体相互作用的基本原理, 还为初学者提供了常用的开源 PIC
模拟软件 EPOCH、Smilei 和流体模拟软件 MULTI 的简易使用教程, 方便上手. 第
三章介绍激光与等离子体相互作用的理论基础. 从单粒子图像出发, 介绍相对论激
光与单粒子的相互作用过程, 然后引入了等离子体的集体效应以及激光与等离子体
相互作用的基本描述方法. 第四章介绍了几种主要的激光驱动离子加速物理机制,
并结合实验结果, 让读者具体了解目前激光离子加速的研究进展. 第五章介绍光压
加速机制中限制加速能量和转化效率的几个关键因素, 包括超高激光对比度的实
现、有限焦斑效应、横向不稳定性发展等. 第六章至第九章则围绕激光离子加速实
验的方方面面, 介绍激光器技术、制靶技术、离子加速实验以及诊断和束流传输等
相关知识. 最后一章介绍了激光驱动离子束的一些潜在应用与加速过程中产生的
伴生辐射.

参 考 文 献

[1] 陈佳洱. 加速器物理基础 [M]. 北京: 北京大学出版社, 2012.

[2] ATLAS Collaboration. ATLAS event display of top-pair production in 13.6 TeV
     collisions during Run 3 [R]. 2022.

[3] http://www.ihep.cas.cn/dkxzz/cepc/[Z].

[4] Tajima T, Dawson J M. Laser electron accelerator [J]. Physical Review Letters, 1979,
     43(4): 267-270.

[5] Maiman T H. Stimulated optical radiation in ruby [J]. Nature, 1960, 187(4736): 493-
     494.

[6] Mourou G. Nobel lecture: extreme light physics and application [J]. Reviews of Mod-
     ern Physics, 2019, 91(3): 030501.

[7] Hargrove L E, Fork R L, Pollack M A. Locking of He-Ne laser modes induced by
     synchronous intracavity modulation [J]. Applied Physics Letters, 1964, 5(1): 4-5.

[8] DiDomenico M. Small-signal analysis of internal (coupling-type) modulation of lasers
     [J]. Journal of Applied Physics, 1964, 35(10): 2870-2876.

[9] Forslund D W, Brackbill J U. Magnetic-field-induced surface transport on laser-
     irradiated foils [J]. Physical Review Letters, 1982, 48(23): 1614-1617.

[10] Strickland D, Mourou G. Compression of amplified chirped optical pulses [J]. Optics
     Communications, 1985, 55(6): 447-449.

[11] Mourou G A, Barty C P J, Perry M D. Ultrahigh-intensity lasers: physics of the
     extreme on a tabletop [J]. Physics Today, 1998, 51(1): 22-28.

[12]   Clark E L, Krushelnick K, Davies J R, et al. Measurements of energetic proton transport through magnetized plasma from intense laser interactions with solids [J]. Physical Review Letters, 2000, 84(4): 670-673.

[13]   Snavely R A, Key M H, Hatchett S P, et al. Intense high-energy proton beams from petawatt-laser irradiation of solids [J]. Physical Review Letters, 2000, 85(14): 2945-2948.

[14]   Daido H, Nishiuchi M, Pirozhkov A S. Review of laser-driven ion sources and their applications [J]. Reports on Progress in Physics, 2012, 75(5): 056401.

第 2 章　激光等离子体相互作用的数值模拟

研究激光等离子体相互作用过程时, 主要使用理论解析、实验研究和数值模拟等方法. 其中, 理论解析从基本方程出发, 在合理的假设和近似下得到现象背后的物理解释, 一般适用于线性过程. 然而, 超强激光与等离子体作用过程中包含很多具有强非线性特点的现象, 如集体相互作用、不稳定性发展等. 理论解析的方法在处理这些情况时非常困难. 实验研究是物理学的基础, 激光等离子体相互作用的实验也在世界各国蓬勃展开, 带来丰硕的研究成果. 但是, 超强超快激光器系统十分精密和复杂, 每开展一轮实验都需要非常充分的准备; 影响实验结果的因素也非常之多, 单从实验的角度来掌控调试这些不确定性非常困难且耗时耗力. 这时候, 数值模拟的重要性便体现出来. 由于数值模拟的灵活性, 实验中难以实现的条件, 可以在数值计算中轻松实现, 往往能够帮助我们寻找最优的实验方案. 实际上, 实验和模拟往往相互补充, 相辅相成. 一方面, 实验中的新发现可以通过模拟工作得到进一步的分析和解释. 数值模拟能够全方位地重复或剖析实验中的物理过程, 有助于更好地建立物理模型、理解实验现象. 另一方面, 很多前瞻性的模拟研究可以对实验提出要求与指导, 继而被实验所验证. 许多重要的发现都是建立在模拟工作的基础上.

等离子体的数值模拟一般可分为动力学模拟和流体模拟. 其中, 动力学模拟考虑了粒子在电磁场作用下更细致的等离子体模型, 更适用于对等离子体动理学行为的描述. 而流体模拟常常被用来关注更大时空尺度的物理过程, 比如研究在激光预脉冲作用下, 固体靶或者纳米结构靶材的预膨胀过程. 下面将分别加以介绍.

2.1　动力学模拟

动力学模拟包括两种方法, 即求解 Vlasov 或 Fokker-Planck 方程和粒子模拟方法. 其中, 粒子模拟方法从等离子体中单粒子运动方程组出发进行计算, 通常称其为 PIC 方法, 是激光加速研究中借以完成数值模拟和进行理论研究工作的主要方法之一. 下文将对该方法进行简单介绍.

2.1.1　粒子模拟 (PIC) 方法

粒子模拟 (Particle-In-Cell, PIC) 方法, 即 PIC 方法, 通过跟踪大量带电粒子在外加及自生电磁场中的运动行为, 得到等离子体的宏观特性及运动规律, 是研究等离子体动理学行为非常有效的数值实验.[1–3] 它可以实时给出各种物理现象的演化过程, 具有重复性好、物理图像直观丰富、易于作大规模参数研究等优点, 特别适用于研究高度非线性的物理过程. PIC 方法对计算机性能提出了很高的要求. 进行 PIC 模拟通常需要高性能的单机或计算机集群, 尺度或密度跨度较大的物理运算也往往需要大型超级计算机. 近几十年飞速发展的高性能计算机技术正好为激光等离子体研究中的数值模拟提供了很好的平台.

PIC 方法中, 需要数值求解电磁场的麦克斯韦方程和粒子的运动方程, 如下:

$$
\left.\begin{aligned}
\nabla \cdot \boldsymbol{E} &= \frac{\rho}{\varepsilon_0}, \\
\nabla \cdot \boldsymbol{B} &= 0, \\
\nabla \times \boldsymbol{E} &= -\frac{\partial \boldsymbol{B}}{\partial t}, \\
\nabla \times \boldsymbol{B} &= \mu_0 \boldsymbol{J} + \mu_0 \varepsilon_0 \frac{\partial \boldsymbol{E}}{\partial t},
\end{aligned}\right\} \tag{2.1.1}
$$

$$
\left.\begin{aligned}
\frac{\mathrm{d}\boldsymbol{r}_j}{\mathrm{d}t} &= \boldsymbol{v}_j, \\
\frac{\mathrm{d}\boldsymbol{v}_j}{\mathrm{d}t} &= \frac{q_j}{m_j}(\boldsymbol{E} + \boldsymbol{v}_j \times \boldsymbol{B}),
\end{aligned}\right\} \tag{2.1.2}
$$

其中

$$
\rho = \sum_j q_j \delta(\boldsymbol{r}_j - \boldsymbol{r}), \tag{2.1.3}
$$

$$
\boldsymbol{J} = \sum_j q_j \boldsymbol{v}_j \delta(\boldsymbol{r}_j - \boldsymbol{r}). \tag{2.1.4}
$$

q_j, m_j, $\boldsymbol{r}_j$, $\boldsymbol{v}_j$ 分别为标号为 j 的粒子的电荷、质量、位置、速度. c 为光速, δ 为 Dirac-Delta 函数, $\boldsymbol{E}$, $\boldsymbol{B}$, ρ 和 $\boldsymbol{J}$ 是电场、磁场、电荷密度和电流.

PIC 模拟的基本流程如图 2.1 所示 ($\boldsymbol{r}$ 在图中表示为 $\boldsymbol{x}$): $(\boldsymbol{r}_j, \boldsymbol{v}_j) \rightarrow (\rho, \boldsymbol{J}) \rightarrow$

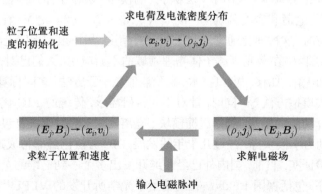

图 2.1 PIC 模拟的基本过程[4]

$(\boldsymbol{E}, \boldsymbol{B}) \to (\boldsymbol{r}_j, \boldsymbol{v}_j) \to \cdots$. 首先定义模拟所用的空间网格和粒子, 然后执行下述循环:

(1) 将网格内粒子的电荷分配到网格格点上来获得电荷及电流分布.

带电粒子的运动会产生电流, 电流又会产生相应的电磁场. 由连续性方程可知, 粒子电荷密度分布的变化可以表征电流密度. PIC 模拟中, 粒子的主要属性, 如电荷等, 以网格为空间单位被表征, 且不涉及粒子速度, 只由给定的插值函数和粒子的位置决定. 因此, 局部电流密度的计算只需按如下步骤: 先求解粒子在其附近网格格点上前后时刻的电荷密度分量, 再由格点的电荷密度变化率得到该格点的电流密度.

(2) 通过在网格上求解电磁场方程来计算电磁场.

通过求解麦克斯韦方程求解电磁场. 在 PIC 中比较成熟且常用的麦克斯韦方程的求解算法为有限时域差分 (Finite Difference Time Domain, FDTD[5,6]). FDTD 算法将电场和磁场分配在网格点的位置上, 网格方法的特点在于, 每个格点中的电磁场只与自己相邻格点相关. 基于时间空间偏微分形式的麦克斯韦方程被离散化之后, 可以通过对时空格点上的电场磁场交替更新的方式演绎电磁场的演化过程.

(3) 用经典或相对论粒子的运动方程求解粒子的运动.

粒子运动的求解和麦克斯韦场的求解是交替进行的. 粒子的运动改变场分布, 场信息的更新进一步促使粒子运动. PIC 中使用半加速 — 旋转 — 半加速方法[7]求解相对论粒子运动方程. 简单来说, 先让电场力作用半个时间步长, 然后让磁场作用一个时间步长, 最后再让电场作用下半个时间步长. 这也被称为 "Boris方法".

这样循环求解, 就能给出对等离子体运动模式的描述.

等离子体区域中实际的粒子数目, 远远超出现有的计算机模拟能力, 不可能对每个粒子都进行模拟. 同时在等离子体分布函数的相空间中的一点 $(\boldsymbol{r}, \boldsymbol{v})$ 的周围, 每个带电粒子对电磁场的贡献和电磁场对粒子的作用力都基本相同, 且这些带电粒子的运动规律也基本相同, 因此可以用一个宏粒子代表这些粒子. 基于上述原因, Buneman[8] 和 Dawson[9] 提出了 "宏粒子" 的模型. 宏粒子体系中粒子 (代表 N 个电子) 的质量、电荷和密度分别为: $m' = Nm, e' = Ne, n' = n/N$. 在描述等离子体中的集体效应时, 这种简化通常不会影响计算精度, 却在很大程度上减少了计算量.

随着 PIC 程序在激光等离子体物理领域的不断应用, 人们已对 PIC 代码做出了很多改进和优化, 如移动窗口技术、高阶插值粒子云方法、多时标算法、可变权重粒子和隐格式模拟方法等. 同时, 针对不同科研需求, 传统的 PIC 代码中也增加了实现特定计算功能的模块, 例如碰撞模块、电离模块、辐射模块及包含正负电子对产生的量子动力学模块等. 经过几十年的发展, PIC 方法已经非常成熟, 很多模拟结果已经被实验证实. 目前, 国内外已经相继开发出多个一到三维的全电磁模相对论粒子模拟程序, 包括德国 Pukhov 在马普量子光学所开发的 VLPL[10]、美国加州大

学洛杉矶分校 (UCLA) 开发的 OSIRIS[11]、美国科罗拉多大学开发的 VORPAL[12]、及上海交通大学的 KLAP[13] 等. 目前, 公开源代码的粒子模拟程序主要有马普量子光学所开发的 1D3V 程序 LPIC++[14]、英国 Warwick 大学 CFSA 小组开发的 EPOCH[15] 和法国 LULI 开发的 Smilei[7] 等. 这些粒子模拟程序被广泛应用于等离子体物理所涉及的诸多领域, 如激光惯性约束核聚变、粒子加速、空间等离子体、自由电子激光等.

2.1.2 Courant-Friedrichs-Lewy 条件

PIC 模拟中使用 FDTD 方法求解电磁场. 电磁场被离散分布在网格中. 图 2.2 展示最常用的 Yee 网格的电磁场分布: 电场和磁场在每个维度上错开 1/2 个格子长度. 在计算中, 利用麦克斯韦方程中的两个旋度方程推进电磁场的演化: 电场在时间上的演化依赖于磁场在空间上的旋度, 而旋度计算在模拟中是通过对附近空间点上的场量进行差分得到. 因此, 想要更新电场, 需要知道此时刻的电场和其附近磁场的分布, 磁场计算亦如是. 这样的网格定义方式是为了提升空间梯度的计算准确性.

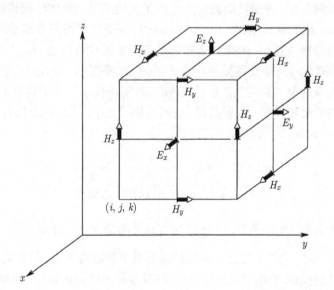

图 2.2 三维 Yee 网格中电场和磁场分量在单位网格中的位置分布[6]

图 2.3 展示了 PIC 模拟中电磁场在一维空间网格中随着时间演化的迭代方式. 首先, 根据电磁场信息迭代半步, 得到半步后的磁场信息, 再根据更新后的电磁场信息, 迭代半步得到下一步的电场信息, 如此往复.

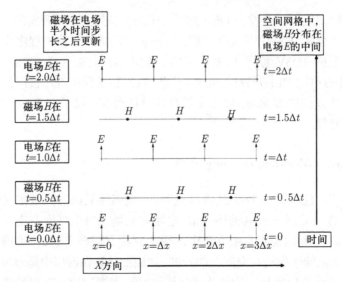

图 2.3　一维 FDTD 算法电磁场随时间迭代示意图

　　时间步长的选取对于 FDTD 求解算法的数值稳定性有很大影响. 时间步长必须小于某个时间尺度, 否则模拟就会产生不正确的结果. 在 PIC 模拟中, 要求时间步长满足 Courant-Friedrichs-Lewy (CFL) 条件. 该条件背后的原理是: 如果一个波在离散的空间网格中移动, 传播到相邻网格点需要的时间是 $\Delta x/u$, u 是波速 (在这里是光速 c), 那么时间步长需要解析这个时间, 即需要 $\Delta t \leqslant \Delta x/c$, 否则模拟无法捕获正确的物理现象. 在多维情况下, 要保证时间步长小于等于数值模拟中波到达最近相邻网格的最短时间. 也就是说, 空间网格的大小, 让时间步长有了一个上限. 在三维模拟中, 时间步长的选择需要满足

$$c\Delta t \leqslant \frac{1}{\sqrt{\frac{1}{(\Delta x)^2} + \frac{1}{(\Delta y)^2} + \frac{1}{(\Delta z)^2}}}. \tag{2.1.5}$$

这就是时间步长的 CFL 条件. 在网格均匀划分的情况下, $\Delta t \leqslant \frac{\Delta x}{\sqrt{3}c}$, 这意味着设置相同的网格尺寸, 三维模拟比一维模拟需要更小的时间步长. 目前的成熟 PIC 程序一般会在开始模拟之前, 判断时间步长的设置是否满足该条件. 如果设置的时间步长不满足 CFL 条件, 会出现警示或者报错.

　　可以看到, 时间步长的设置十分依赖于空间网格大小. 而空间网格的大小需要满足其可以解析模拟中关心的最小尺度. 在激光尾波加速的模拟中, 这个最小尺度通常是激光波长. 空间网格的尺寸需要小于激光波长, 而在一个激光波长内的取样率高低会影响模拟中激光传播的相速度. 过低的取样率会导致严重的数值色散, 从而得不到正确的模拟结果. 在激光离子加速的模拟中, 网格尺寸一般更小, 需要解析激光的趋肤深度或者等离子体的德拜长度. 对于超薄的纳米靶材, 可能还需要考虑解析靶材的厚度. 建议 PIC 模拟的初学者可以参考已发表的文章中的网格参数设置. 对空间网格大小设置的理解, 能够帮助我们更好地估计模拟速度和计算资源的占用. 例如, 在一个三维模拟中, 如果保持模拟空间和时间不变, 将空间步长缩短一半, 考虑到时间步长依赖于空间步长, 那么计算量将增加 16 倍, 而不是 8 倍.

2.2　PIC 模拟软件使用简介

PIC 是等离子体领域非常成熟的数值模拟方法, 早在 1955 年就已经开始被提出和应用. 此后科学家们开发出了很多优秀的 PIC 程序, 其中不少为开源. 一般不必根据算法自己从头写一个 PIC 程序, 直接学习使用现有的 PIC 程序即可. 如果有特殊需求, 可以在原有代码的基础上进行改进.

通常, PIC 模拟需要耗费大量的计算资源. 因此, 一些计算量较大的任务需要在计算集群上执行, 这些计算集群通常都运行在类 Unix 操作系统上. 为了满足这类任务运行的需要, PIC 程序一般都是针对类 Unix 系统开发的. 由于个人电脑常用的 Windows 系统与类 Unix 系统在底层方面存在差异, 这些 PIC 程序无法直接运行在 Windows 系统上. 为了学习 PIC 程序, 这里选择最常见的类 Unix 操作系统 —— Linux 进行介绍. 如果想要在 Windows 系统下获得 Linux 运行环境, 可以采用双系统或者虚拟机的方式. 桌面 Linux 系统可选择 Ubuntu、Debian 等发行版, 虚拟机管理软件可使用 VMware Workstation 或 VirtualBox.

Linux 版本较多, 里面的程序通常并不像 Windows 操作系统中那样可以直接运行, 而是需要自己进行编译之后才能使用. 好在现在的 Linux 发行版通常都自带了包管理器, 比如 Ubuntu 和 Debian 下的 apt 命令. 使用包管理器可以轻松安装已编译完成的软件, 不再需要自己进行编译等烦琐操作. 但是注意, 包管理器的运行需要 root 权限, 而作为计算集群的用户通常在集群上并不具有 root 权限, 这时如果集群没有提供所需的软件, 就得从源码开始进行编译. 另外, 大多数 PIC 程序并没有被包含在包管理器的仓库中, 也需要手动编译, 不过可以用包管理器来安装 PIC 程序所需的依赖环境. 因此, 学会在 Linux 中编译安装软件是很重要的. 每个软件的编译安装方式都不尽相同, 一般安装步骤都会在软件官网文档中给出, 可在需要时进行查阅.

现有的开源 PIC 程序可以在英文维基词条 "Particle-in-cell" (https://en.wikipedia.org/wiki/Particle-in-cell) 中查到, 下面对其中两个 PIC 程序 EPOCH 及 Smilei 进行具体介绍.

2.2.1 EPOCH

EPOCH 是英国等离子体物理合作计算项目使用 Fortran 语言开发的 PIC 程序, 开始于 2007 年, 目前仍在更新及维护. Fortran 语言由于自身设计的原因, 目前仅在学术界中还存有一定的流行度, 相对于其他语言来说生态环境较差, 并且也缺乏一些其他语言的高级特性. 因此, 在 EPOCH 的基础上开发新功能的难度会比较大. 不过, 如果仅作为终端使用者, EPOCH 仍是一个不错的选择. EPOCH 中不只是包括了基本的 PIC 方法, 还包含了碰撞、电离、粒子注入、量子电动力学效应及韧致辐射等附加模块. 这些附加功能扩大了原本 PIC 程序的适用范围, 使之可以用来解决更多领域中的物理问题, 在模拟中可以按需选择使用这些附加模块. EPOCH 项目代码托管在 GitHub 上, 地址为 https://github.com/Warwick-Plasma/epoch, 可从此处下载到最新版本程序和文档.

下载好的程序为源代码, 需要编译后才可以运行. 编译依赖 Fortran 编译器以及一个 MPI 库, 在 Ubuntu 下它们可以通过指令 sudo apt install gfortran mpich 进行安装. 解压后的程序包含 epoch1d, epoch2d 及 epoch3d 等文件夹, 分别对应一维、二维及三维的模拟程序, 在相应文件夹中运行 make COMPILER=gfortran 即可开始编译. 如需使用附加模块, 可编辑 Makefile 文件去掉相应 DEFINES 行前的注释符号 # 后进行编译. 编译成功后会在 bin 子文件夹中生成相应的二进制可执行程序.

EPOCH 将几乎所有的参数设置都包含在一个脚本文件 input.deck 中, 这样一般只需要进行一次编译即可, 不需要每次更改模拟参数后都重新编译一遍. 在 input.deck 文件中可以设置激光、粒子、模拟控制、输出以及各种附加模块等参数. 关于 input.deck 文件中参数的具体设置方法请参见官方用户手册. 准备工作完成后就可以开始模拟, 以二维模拟为例, 假设此时工作目录是 epoch2d 文件夹, input.deck 文件位于 Data 子文件夹中, 则运行命令 echo Data |./bin/epoch2d 即可执行模拟. 如需并行执行任务, 用通用的 MPI 命令 (如 mpirun 和 mpiexec) 即可, 例如以八个进程并行计算 echo Data | mpirun -n 8./bin/epoch2d.

在模拟程序运行完成后会在输入文件 input.deck 的同一个文件夹下按照模拟内的时间顺序生成一系列后缀名为 .sdf 的输出数据文件. 这种文件是 EPOCH 自有的二进制数据格式, 在 EPOCH 的程序包的文件夹 SDF 中自带了 IDL、Python 以及 MATLAB 等语言的 SDF 文件读取接口, 出于易用性的考虑, 推荐使用 Python3 进行数据的后处理. Python 的数据读取需要安装 NumPy 库, 此外常常使用 Matplotlib 库进行数据的科学可视化. Python 的 SDF 工具同样需要编译安装后使用, 首先进入到 SDF/C 文件夹中输入 make 命令进行编译, 之后进入到 SDF/utilities 中运行命令./build-3 进行 Python3 的 sdf 模块安装, 同时这个命令还会编译两个可执行文件 sdffilter 和 sdfdiff, 用以直接在命令行中查看 sdf 的文件结构以及比较两个 sdf 文件之间的差异.

安装 Python 的 sdf 模块后就可以在 Python 脚本文件中使用 import sdf 进行导入, 之后就可以用 sdf.read 函数将 sdf 文件读取成以 NumPy 数组存放数据的 Python 对象, 关于 sdf.read 函数的详细用法及其返回的对象结构可以在 Python 中执行 help(sdf) 查看帮助信息. 此外, SDF/utilities 中还包含了一个 Python 的 sdf_helper 模块, 在安装 sdf 模块时会同时自动安装, 其中包含了一些利用 Matplotlib 的通用可视化函数, 在批量处理时会比较方便.

2.2.2 Smilei

Smilei 是法国科学家自 2013 年起使用 C++ 语言编写开发的 PIC 程序, 目前该项目仍有专人一直在更新和维护. Smilei 采用了 Python 作为输入脚本、较常见的 HDF5 作为输出文件格式, 有更强大的 Python 后处理模块, 因此相比于 EPOCH 更加用户友好. 另外, Smilei 采用 C++ 面向对象设计, 对开发者而言同样更友好. 与 EPOCH 一样, Smilei 同样包含了碰撞、电离、粒子注入、量子电动力学效应等额外功能, 并且由于采用面向对象的设计, 不需要像 EPOCH 那样在编译选项中开启, 只需编译一次就可以适用于所有情况. Smilei 的代码同样托管在 GitHub 上, 项目地址为 https://github.com/SmileiPIC/Smilei, 可以从此处下载到源代码. Smilei 的使用方法和 EPOCH 类似, 都是先编译出可执行文件, 准备一个输入脚本文件, 运行程序, 对输出的数据文件进行后处理操作, 在 Smilei 官网文档 (https://smileipic.github.io/Smilei/index.html) 中有非常详细的使用说明以及各种数值算法的解释, 这里就不再赘述了. 此外, Smilei 同时支持 OpenMP 以及 MPI 的并行计算, 出于计算效率的考虑, 建议全部使用 MPI 进行并行计算 (同等并行数目下, OpenMP 的多线程要慢于 MPI 的多进程).

2.2.3 PIC 模拟示例

下面以激光在等离子体中的自聚焦效应为例, 演示一下利用 PIC 模拟程序 Smilei 进行数值模拟的完整步骤.

为进行模拟, 首先需要准备一个包含各种输入参数的脚本文件 input.py (假设已经按照上一节的说明完成了 Smilei 的编译安装). 先在 Main 模块中设置模拟的基本参数, 包括模拟类型、时间步长、网格大小、电磁场边界条件等, 如下:

```
from math import pi
wavelength = 2.*pi
period = 2.*pi

Main(
```

```
    geometry = "3Dcartesian",
    timestep = 0.05*period,
    simulation_time = 72.1*period,
    cell_length = [0.1*wavelength, 0.1*wavelength, 0.1*wavelength],
    grid_length = [40.*wavelength, 20.*wavelength, 20.*wavelength],
    number_of_patches = [16, 4, 4],
    EM_boundary_conditions = [["silver-muller"], ["periodic"], ["periodic"]],
    solve_poisson = False
)
```

之后利用 LaserGaussian3D 模块设置一个从边界射入的三维圆偏振高斯激光脉冲:

```
LaserGaussian3D(
    box_side = "xmin",
    a0 = 16.5*2**0.5,
    ellipticity = 1.,
    focus = [0., Main.grid_length[1]/2., Main.grid_length[2]/2.],
    waist = 6.*wavelength,
    time_envelope = tgaussian(center=50.*period, fwhm=30.*period)
)
```

之后再通过 Species 模块设置空间中的近临界密度碳等离子体:

```
Species(
    name = "electron",
    position_initialization = "regular",
    momentum_initialization = "maxwell-juettner",
    particles_per_cell = 8,
    mass = 1.0,
    charge =-1.0,
    charge_density = constant(2.4, xvacuum=3.*wavelength),
    mean_velocity = [0.0],
    temperature = [1e-5]
)

Species(
    name = "carbon",
    position_initialization = "regular",
```

```
    momentum_initialization = "maxwell-juettner",
    particles_per_cell = 1,
    mass = 12.0*1836,
    charge = 6.0,
    charge_density = constant(2.4, xvacuum=3.*wavelength),
    mean_velocity = [0.0],
    temperature = [1e-5]
)
```

最后设置一些诊断模块来将需要的模拟结果数据输出到文件中：

```
from numpy import s_
DiagFields(
    name = "Ez",
    every = 100,
    subgrid = s_[: , int(Main.number_of_cells[1]/2.), : ],
    fields = ["Ez"]
)
DiagFields(
    name = "By_averaged",
    every = 100,
    subgrid = s_[: , int(Main.number_of_cells[1]/2.), : ],
    time_average = int(2*period/Main.timestep),
    fields = ["By"]
)
DiagParticleBinning(
    name = "number_density",
    deposited_quantity = "weight",
    every = 100,
    species = ["electron"],
    axes = [
        ["x", 0., Main.grid_length[0], Main.number_of_cells[0]],
        ["z", 0., Main.grid_length[2], Main.number_of_cells[2]]
    ]
)
```

现在就可以运行模拟程序了, 假设输入文件 input.py 位于 Smilei 程序主目录中, 则可进入该文件夹后输入./smilei input.py 开始模拟, 程序运行结束后会在当前目录中生成 Fields0.h5、Fields1.h5 和 ParticleBinning0.h5 等数据文件, 之后就可以进行数据可视化等后处理工作了.

使用 Smilei 自带的 Python happi 模块, 数据可视化会变得非常简单. 在命令行输入 python 进入控制台, 运行以下几行代码即可画出数据图像, 如图 2.4—图 2.6 所示.

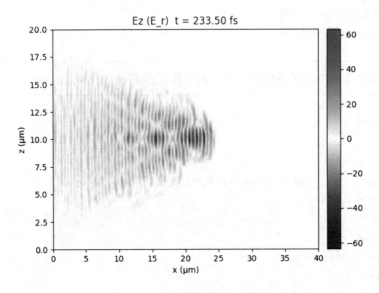

图 2.4 PIC 模拟图: 电场剖面

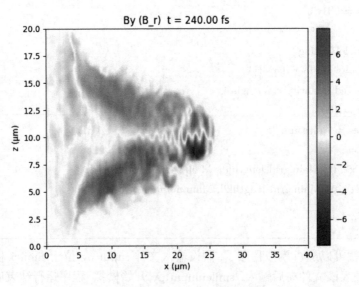

图 2.5 PIC 模拟图: 平均磁场剖面

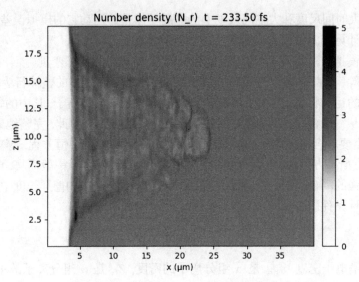

图 2.6 PIC 模拟图: 电子数密度分布剖面

```
>>> import happi
>>> S = happi.Open('.', reference_angular_frequency_SI=1.88365e15)
>>> S.Field(0, 'Ez', timesteps=1400, units=['μm', 'fs'], average={"y": "all"}).plot(cmap='bwr', vsym=True)
>>> S.Field(1, 'By', timesteps=1400, units=['μm', 'fs'], average={"y": "all"}).plot(cmap='bwr', vsym=True)
>>> S.ParticleBinning(0, timesteps=1400, units=['μm', 'fs']).plot(cmap= 'hot_r')
```

以上, 我们完成了一个完整的 PIC 模拟过程.

2.3   流体模拟

2.3.1   流体模拟简介

PIC 模拟主要关注 fs、μm 时空尺度下激光与等离子体相互作用时的动力学演化过程. 在研究更大时空尺度的作用过程时, PIC 模拟所需的计算资源已经超过可承受范围, 这时候就需要使用流体模拟. 例如, 在激光预脉冲和靶的相互作用过程中, 通常会关心主脉冲到达时等离子体的密度分布情况等宏观物理量. 预脉冲与主脉冲的时间间隔基本在十 ps、百 ps 甚至 ns 量级, 远远大于电子等离子体频率对应的特征时间 ($\sim \omega_{\mathrm{pe}}^{-1}$, 约 fs 量级); 靶在预脉冲作用下的膨胀尺度达到百 μm 量级, 远远大于电子德拜长度 (约 nm 量级). 在如此大的时空尺度上, 基于连续介质理论的流体力学方法表现良好. 虽然流体力学方法会抹去一些物理细节, 损失一定精度,但对这种大时间尺度和大空间尺度上的等离子体整体运动它的模拟误差很小, 能够用最少的计算资源给出人们所关心的宏观物理量信息.

流体模拟方法将等离子体视作流体, 用宏观平均的状态变量 —— 如温度、密度和压强等 —— 描述等离子体的状态, 主要考虑等离子体的整体行为, 忽略其中单个粒子的运动状态. 等离子体流体包含电子和至少一种离子, 其中的每一种组分都既要遵从一般流体力学规律, 又要满足电动力学规律. 因此, 完整地刻画等离子体流体, 需要联合流体力学的质量守恒、动量守恒和能量守恒方程, 等离子体状态方程, 麦克斯韦方程组, 电荷守恒, 欧姆定律等数十个方程. 一般而言, 电子和离子之间有很强的耦合, 在尺度远超过等离子体频率 (时间上) 和德拜长度 (空间上) 时, 满足准中性条件:

$$n_e = \sum_\alpha Z_\alpha n_{i,\alpha}, \tag{2.3.1}$$

其中, n_e 是电子密度, $n_{i,\alpha}$ 是 α 组分离子的密度, Z_α 是 α 组分离子的平均电离度. 准中性条件下没有净电荷密度的存在 (但可以有净电流密度), 等离子体流体是电中性的. 这时, 等离子体流体的方程组可以大大化简, 以至于足以在现有的超级计算机上展开模拟. 更进一步, 对于存在时间远超电子和离子热平衡时间尺度的等离子体, 电子和离子两种组分近似满足热平衡状态, 可以将等离子体中的电子、离子视作一种流体, 简化为单流体模型. 这样的近似下, 流体方法处理等离子体运动将更加简化, 流体模拟甚至可以在个人计算机上展开.

在激光等离子体相互作用中, 等离子体一般处于极高温状态. 因此, 其中的热传递过程需要考虑辐射. 这种包含了辐射输运方程组的流体模拟方法被称为辐射流体力学方法. 它联立求解流体力学方程组 (包括连续性方程、运动方程和能量方程) 和辐射输运方程组, 并添加物质状态方程 (Equation Of State, EOS) 使方程组封闭. 在激光等离子体问题中, 流体力学方法的适用条件是等离子体进入了缓变状态, 即等离子体状态变化的时间尺度和空间尺度都远远超过等离子体粒子的平均碰撞时间和碰撞平均自由程. 从微观粒子分布的角度上来说, 这意味着在流体微元尺度上, 等离子体满足局域麦克斯韦分布, 同种粒子间或者不同种粒子间由于碰撞而达到了热平衡状态. 这样, 利用宏观的状态变量 (密度、温度等) 来描述流体微元 (远小于等离子体变化尺度, 而远大于粒子平均碰撞自由程) 才能既描述等离子体局部特征, 又可以具有统计平均意义. 对于准中性假设下的长时间大尺度激光等离子体, 其膨胀运动基本满足上述条件.

2.3.2　流体程序 MULTI 介绍

MULTI 程序是由 R. Ramis 等人开发的一系列辐射流体力学计算程序. MULTI 程序出现于 1985 年[16], 最初只是一维模型模拟程序, 后来人们又开发了其二维版本 MULTI-2D[17]和三维版本 MULTI-3D, 以及适用于飞秒激光的 MULTI-fs[18]. MULTI 程序主要用于惯性约束聚变和相关的激光物质相互作用实验的数值模拟研究. 程序将各个子程序, 例如流体力学子程序、能量沉积子程序、辐射输运子程序等集成在一个库 (Library) 中, 用户需要编写自己的主程序来调用库里的这些子程序, 实现对特定问题的计算求解. 较为成熟的后期 MULTI 版本遵循 r94 数据传输规则, 所以程序需要安装在 r94 系统中, 并且由 r94 语言编写程序.

MULTI 程序的流体力学方法主要采用拉格朗日动力学. 质量坐标取代了空间坐标作为独立变量: $\mu(r,t) = \int_0^r \rho(r,t)4\pi r^2 dr$. 对于一个随流体运动的粒子, μ 是常数. 在没有扩散和反应时, 对于给定的 μ 值, 流体组分是不变的, 这就意味着可以使用电子比内能 $e^e(\mu,t)$ 和离子比内能 $e^i(\mu,t)$, 与流体位置 $r(\mu,t)$、速度 $v(\mu,t)$ 一起作为状态变量. 质量密度、温度、压力、电离度和其他的量都可以由这些量表达. 对于一维的网格, 以上的连续函数在图 2.7 所示的交错网格上离散. 定义了拉格朗日网格的控制粒子 (μ 是常数) 呈现出球面 (称为界面) 并且从 1 到 $N+1$ 编号. 界面间的区域 (称为单元) 从 1 到 N 编号. 单元 j 处在界面 j 和 $j+1$ 之间, 而界面 j 处于单元 $j-1$ 和 j 之间. 一般地, 矢量 (比如位置 r_j 和速度 v_j) 定义在界面上, 而标量 (比如电子和离子比内能 e^e_j, e^i_j) 定义在单元中心. 半离散的状态矢量 $X(t)$ 包含有限数量的时间连续函数, 它们随时间的演化由一组常微分方程 $\dfrac{dX}{dt} = F(X,t)$ 控制.

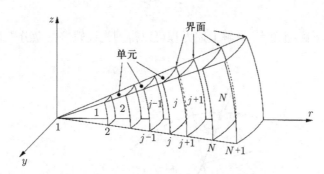

图 2.7 交错网格 (球). 标量定义在单元上, 矢量定义在界面上[19]

在等离子体模型方面, MULTI 假设等离子体始终保持准中性条件, 即 $Z_i n_i = n_e$, 且不考虑净电流密度, 所以 $Z_i n_i v_i = n_e v_e$, 进而离子和电子有同样的速度 $v_i = v_e = v$. 这样, 程序也没有考虑等离子体中的电场和磁场.

在热传导模型方面, MULTI 采用电子导热的经典 Spitzer 公式来计算传热系数. 在某些辐照条件下, 这种方法可能出现极端温度梯度, 而电子导热速率是有上限的, 所以需要限制热流量. MULTI 中通过 free-streaming (自由流动) 的极限值限制最大热流量, 并使用经验系数修正. 辐射输运方面, 则用频率和方向分组化方法进行离散.

　　程序中, 激光能量沉积用准静态近似处理: 将激光模型化为许多光线, 并跟踪激光光线的能量沉积, 这就是所谓的光线追踪法. 分层介质中的折射定律可以写作 $n \sin \alpha =$ 常数, 其中 n 是折射率, α 是激光传播方向和折射率的梯度方向之间的夹角. 若用力学来类比, 则折射定律和一个单位质量的 "虚粒子" 的横向动量守恒表达式相同: 粒子沿着激光传播方向以 "速度" n 运动, 并且受到密度梯度方向的一个力, 受力方向与 "速度" 方向的夹角为 α, 所以在横向方向, "动量" 守恒, 即 $n \sin \alpha =$ 常数. 因为 "速度" 模长只取决于 n, 所以可以说作用在粒子上的 "力" 源于 "势能" $-n^2/2$, 则 "粒子" 的 "运动方程" 具有形式

$$\frac{\mathrm{d}^2 \boldsymbol{r}}{\mathrm{d} \xi^2} = \frac{1}{2} \nabla n^2, \tag{2.3.2}$$

这里 ξ 是虚时间. 由此可以从等离子体边界开始积分该方程以确定光线轨迹 (图 2.8), 边界处 $|\mathrm{d}\boldsymbol{r}/\mathrm{d}\xi| = 1$. 对于理想等离子体, 角频率为 ω 和波数为 k 的电磁波的色散关系满足 $c^2 k^2 = \omega^2 - \omega_{\mathrm{pe}}^2$, 其中 $\omega_{\mathrm{pe}} = \sqrt{e^2 n_{\mathrm{e}}/\varepsilon_0 m_{\mathrm{e}}}$ 是等离子体频率, e 是电子电量. 折射率是 $n = \dfrac{ck}{\omega} = \sqrt{1 - \omega_{\mathrm{pe}}^2/\omega^2}$. 沿着光线功率 I 的衰减可写为[18]

$$\frac{\mathrm{d}I}{\mathrm{d}l} = -\frac{\nu^{\mathrm{e}}}{c} \frac{\omega_{\mathrm{pe}}^2}{\omega^2} \frac{I}{\sqrt{1 - \frac{\omega_{\mathrm{pe}}^2}{\omega^2}}} = -\frac{\nu^{\mathrm{e}}}{c} \frac{1 - n^2}{n} I, \tag{2.3.3}$$

其中, ν^{e} 为电子碰撞频率. 求解上述方程可以得到光线轨迹的微分方程和携带的功率.

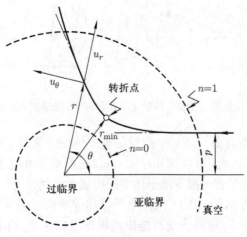

图 2.8　光线轨迹图[19]

物性 (状态方程、电离度、不透明度等) 从外部表格查询获得. 整体而言, MULTI 程序的物理模型都是非相对论的, 只能适用中低光强的情况. MULTI 算法采用算子分裂法, 这种方法虽然只有一阶精度, 但是非常简便灵活, 补偿了算法的不精确性.

MULTI 程序包括一维模拟程序和二维模拟程序.

一维模拟程序最初从 MULTI-1D 开始, 升级到后来的 MULTI-fs, 用于一维飞秒激光与物质的相互作用模拟. 飞秒激光与等离子体相互作用时间尺度是不满足碰撞条件的, 所以前已介绍的光线追踪和逆轫致吸收的机制都不能应用到飞秒激光的情况. 针对这个问题, MULTI-fs 不再采用光线的假设, 而是直接求解麦克斯韦方程组. 目前, 一维程序已经升级到最新的 MULTI-IFE, 可以用于惯性约束聚变的一维模拟.

MULTI-IFE[19]开发于 2015 年, 综合了 MULTI-1D (2009 版本) 和 MULTI-fs (2012 版本) 的模型特点, 是致力于惯性聚变微胶囊研究的专门数值工具. 它包括向心挤压、热核点火和燃烧的相关物理: 双组分等离子体 (离子和电子) 流体动力学, 三维激光光线追踪, 热扩散, 多群辐射输运, 氘氚燃烧和 α 粒子扩散等. 对应的微分方程在一维拉格朗日球坐标形式下离散.

二维模拟程序是 MULTI-2D. MULTI-2D(2009 年版本) 采用柱坐标系, 适用于轴对称问题, 主要模拟在 R-Z 平面内的物理过程. 它采用单流体方程组, 不区分电子和离子, 只有一个物质温度和一个压力. 其网格为拉格朗日网格, 在大变形下容易发生网格畸变, 导致计算不能继续进行. 为了应对这种情况, 可以采用任意拉格朗日 – 欧拉方法, 将拉格朗日方法计算的结果向欧拉网格投影, 以防止网格大变形带来的不准确甚至不能计算的问题. 不过该版本程序中的投影方法只具有一阶精度.

下面以 MULTI-IFE 自带的实例: 脉宽 300 ps (FWHM) 脉冲 (光强 3×10^{14}W/cm^2, 波长 0.44µm) 辐照金箔 (0.2µm) 和铝箔 (2µm) 的双层靶结构, 来演示利用 MULTI-IFE 进行一维模拟的完整步骤.

一个完整的模拟例子包括三个文件: data.in, FILELIST 和 RUN 文件, 用户主要修改 data.in 文件. 首先, 在 case 文件夹下建立属于该例的文件夹, 比如 "2015CPC", 然后, 拷贝 FILELIST 和 RUN 文件到该文件夹. 接着, 写一个包含各种输入参数的 data.in 文件. 该文件类似于 namelist, 记录了各个参数的 "名称 – 值" 对, 放在不同的块中.

先在 parameters 块设置模拟的基本参数, 包括模拟基本设置、边界条件 (辐射边界条件)、电子导热模型、时间步长、算法参数、输出结果设置, 等等, 如下:

```
&parameters
!–problem definition (general)
    igeo          = 1,                    ! 定义几何类型为 1 表示平面
    xmin          = 0.,                   ! 初始左边界的坐标
    texit         = 610.e-12,             ! 模拟时长
    nfuel         = 0,                    ! DT 燃料单元数 (0 表示无聚变反应)
!–problem definition (boundary conditions)
    iright        = 0,                    ! 自由右边界
    ileft         = 0,                    ! 自由左边界
    alphal        = 0.,                   ! 左边界反射辐射份额
    alphar        = 0.,                   ! 右边界反射辐射份额
    betal         = 0.,                   ! 左边界反射耦合份额
    betar         = 0.,                   ! 右边界反射耦合份额
    itype         = 2,                    ! 辐射时间谱型 (2 表示定常)
    tau           = 0.,                   ! 辐射脉宽
    trad          = 0.,                   ! 辐射参考温度
!–problem definition (modeling options)
    iradia        = 1,                    ! 启用辐射模块
    ihydro        = 1,                    ! 启用流体模块
    iheation      = 0,                    ! 禁用离子导热
    model         = 0,                    ! 电子碰撞模型 (0 表示经典模型)
    fheat         = 8.0,                  ! 模型系数 (if model==1)
    fei           = 2.0,                  ! 模型系数 (if model==1)
    flaser        = 26.0,                 ! 模型系数 (if model==1)
    zmin          = 0.1,                  ! 最小电离度
    flf           = 1e6,                  ! 热流限制系数 (1e6 代表不设限)
    inegpre       = 0,                    ! 不允许负压
!–numerical options
    nsplit        = 5,                    ! 子循环数目
    dtmin         = 0,                    ! 最小时间步长
    dtmax         = 4e-12,                ! 最大时间步长
    dtinit        = 4e-12,                ! 初始时间步长
    dtrvar        = 0.9,                  ! 密度导致的时间步长修正因子
    dttevar       = 1e12,                 ! 电子温度导致的时间步长修正因子
    dttivar       = 1e12,                 ! 离子温度导致的时间步长修正因子
    dtbreak       = 2.,                   ! 循环脱离 (break) 系数
    dtfactor      = 2.,                   ! 时间步长增加因子
```

```
    nexit          = 10000,              ! 最大循环步数
    iwctrl         = 1,                  ! 能量沉积优化系数
!--output control
    dt_aout        = 300e-12,            ! ascii 文件输出时间间隔
    ns_aout        = 1000000,            ! ascii 文件输出步长间隔
    dt_bout        = 1000000.,           ! 二进制文件输出时间间隔
    ns_bout        = 1,                  ! 二进制文件输出步长间隔
    irad_left      = 1,                  ! 此界面处的左光谱
    irad_right     = 1000,               ! 此界面处的右光谱
    nreduce        = 1,                  ! 展示所有网格/界面 (不合并网格)
/
```

接下来需要设置靶的材料、厚度、初始条件 (密度和温度) 并划分网格 (数目、网格划分系数). 材料需要通过 material 模块定义, 包括: 名称、原子数、原子质量数、物态方程 (EOS)、不透明度和电离度、辐射系数. 具体的材料数据表记录在程序当中, 可通过 id (记录在程序说明书中) 和文件名 (包括相对路径) 进行引用, 链接到当前材料中.

```
!------------------------------------------------------------------
&layer   ! 铝箔
    nc          = 20,              ! 总网格数
    thick       = 2.0e-4,          ! 厚度 2 μm
    r0          = 2.7,             ! 密度 2.7 g/cm³
    te0         = 0.03,            ! 电子初始温度 (eV)
    ti0         = 0.03,            ! 离子初始温度 (eV)
    zonpar      = 0.975,           ! 网格划分系数 = 下一个网格尺寸/上一个网格尺寸
    material    = 'Al',            ! 材料铝
/
&layer   ! 金箔
    nc          = 75,
    thick       = 0.2e-4,
    r0          = 19.3,
    te0         = 0.03,
    ti0         = 0.03,
    zonpar      = 0.975,
    material    = 'Au',            ! 材料金
/
!------------------------------------------------------------------
```

```
&material ! 设置材料铝
   name          = 'Al',              ! 名称
   zi            = 13.,               ! 原子序数
   ai            = 26.9815,           ! 原子质量数
   eeos_id       = 37120304,          ! 电子状态方程文件 id
   eeos_file     = 'tables/CPC88',    ! 电子状态方程文件地址
   ieos_id       = 37120305,          ! 离子状态方程文件 id
   ieos_file     = 'tables/CPC88',    ! 离子状态方程文件地址
   z_id          =-1,                 ! 使用 zi 作为固定的电离度
   planck_id     = 37121,             ! Planck 不透明表文件 id
   planck_file = 'tables/CPC88',      ! Planck 不透明表文件地址
   ross_id       = 37122,             ! Rosseland 不透明表文件 id
   ross_file     = 'tables/CPC88',    ! Rosseland 不透明表文件地址
   eps_id        =-1,                 ! LTE 发射系数
/
&material
   name          = 'Au',
   zi            = 25.,
   ai            = 196.967,
   eeos_id       = 27000304,
   eeos_file     = 'tables/CPC88',
   ieos_id       = 27000305,
   ieos_file     = 'tables/CPC88',
   z_id          =-1,
   planck_id     = 2701,
   planck_file = 'tables/CPC88',
   ross_id       = 2702,
   ross_file     = 'tables/CPC88',
   eps_id        = 2703,
   eps_file      = 'tables/CPC88',
/
```

最后要设置激光参数和激光模拟方法: 由于本样例采用 300 ps 的长激光, 等离子体会膨胀到较大的尺度, 可以用 WKB 近似方法处理激光沉积.

```
!-------------------------------------------------------------------
&pulse_wkb
   inter         = 1,                 ! 1表示激光从右边入射
```

```
    pimax          = 3.0e21,              ! 最大光强 (CGS 单位制)
    pitime         = 300e-12,             ! 脉宽半高全宽 300 ps
    wl             = 0.44e-4,             ! 激光波长
    itype          = 1,                   ! 激光时间形状: 1 表示 sin**2, 2 表示 constant, 4
表示表格输入
    delta          = 1,                   ! 临界面的激光吸收份额
/
!--------------------------------------------------------------------
```

data.in 文件写好, 就可以运行模拟程序了. 在 MULTI-IFE 主文件夹中键入

```
>> ./MULTI
```

就可以打开 MULTI-IFE 的主界面. 在界面中选择创立好的 "2015CPC" 文件夹, 点击 "Case" → "Run" 开始运行. 计算完毕后, 经过数据的可视化处理, 获得的图像如图 2.9 所示, 两条曲线分别是在 100 ps 和 500 ps 时双层靶的质量密度分布. 这里, 激光从模拟区域的右边入射. 可以看到, 在 100 ps 时, 靶前由于激光烧蚀形成了较长的亚临界密度区域, 而靶后还未受到剧烈扰动. 在 500 ps 时, 靶前靶后都发生了剧烈的膨胀, 靶整体发生了向后移动. 图像横纵坐标轴单位分别是 CGS 制下的 cm 和 g/cm^3, 如果需要其他单位和标注, 需要编写后处理脚本来处理获得的二进制文件数据. 二进制文件数据中每个变量是按照网格顺序单线排列储存的, 具体规则可以在 MULTI 的说明手册里查阅, 这里不再赘述.

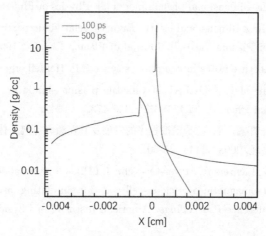

图 2.9 MULTI-IFE 模拟图: 100 ps 和 500 ps 的密度分布曲线. 纵坐标为密度, 横坐标为位置, 其中更为尖锐的那一条对应 100 ps.

参 考 文 献

[1]   Boris J P. Relativistic plasma simulation-optimization of a hybrid code [C]. Proceeding of Fourth Conference on Numerical Simulations of Plasmas, 1970: 3-67.

[2]   Birdsall C K, Langdon A B. Plasma physics via computer simulation [M]. Bristol: IOP Publishing, 1991.

[3]   Hockney R W, Eastwood J W. Computer simulation using particles [M]. London: Taylor and Francis, 1988.

[4]   Chen M, Sheng Z, Zheng J, et al. Development and application of multi-dimensional particle-in-cell codes for investigation of laser plasma interactions [J]. Chinese Journal of Computational Physics, 2008, 25: 43-50.

[5]   Kane Y. Numerical solution of initial boundary value problems involving Maxwell's equations in isotropic media [J]. IEEE Transactions on Antennas and Propagation, 1966, 14(3): 302-307.

[6]   Taflove A. Application of the finite-difference time-domain method to sinusoidal steady-state electromagnetic-penetration problems [J]. IEEE Transactions on Electromagnetic Compatibility, 1980, EMC-22(3): 191-202.

[7]   Derouillat J, Beck A, Pérez F, et al. Smilei: a collaborative, open-source, multipurpose particle-in-cell code for plasma simulation [J]. Computer Physics Communications, 2018, 222(2018): 351-373.

[8]   Buneman, Review O J P. Dissipation of currents in ionized media [J]. Physical Review, 1959, 115(3): 503-517.

[9]   Dawson J. One-dimensional plasma model [J]. Physics of Fluids, 1962, 5(4): 445-459.

[10] Pukhov A. Three-dimensional electromagnetic relativistic particle-in-cell code VLPL (Virtual Laser Plasma Lab) [J]. Journal of Plasma Physics, 1999, 61(3): 425-433.

[11] Fonseca R. Lecture notes in computer science [M]. Heidelberg: Springer, 2002.

[12] Nieter C, Cary J R. VORPAL: a versatile plasma simulation code [J]. Journal of Computational Physics, 2004, 196(2): 448-473.

[13] 陈民, 盛政明, 郑君, 等. 粒子模拟程序的发展及其在激光等离子体相互作用研究中的应用 [J]. 计算物理, 2008, 25(1): 43-50.

[14] Pfund R E W, Lichters R, Meyer-ter-Vehn J. LPIC++, a parallel one-dimensional relativistic electromagnetic particle-in-cell code for simulating laser-plasma-interaction [C]. AIP Conference Proceedings. American Institute of Physics, 1998, 426(1): 141-146.

[15] Ridgers C P, Brady C S, Duclous R, et al. Dense electron-positron plasmas and bursts of gamma-rays from laser-generated quantum electrodynamic plasmas [J]. Physics of

Plasmas, 2013, 20(5): 056701.

[16]   Ramis R, Schmalz R, Meyer-Ter-Vehn J. MULTI - a computer code for one-dimensional multigroup radiation hydrodynamics [J]. Computer Physics Communications, 1988, 49(3): 475-505.

[17]   Ramis R, Meyer-ter-Vehn J, Ramírez J. MULTI 2D - a computer code for two-dimensional radiation hydrodynamics [J]. Computer Physics Communications, 2009, 180(6): 977-994.

[18]   Ramis R, Eidmann K, Meyer-ter-Vehn J, et al. MULTI-fs - a computer code for laser-plasma interaction in the femtosecond regime [J]. Computer Physics Communications, 2012, 183(3): 637-655.

[19]   Ramis R, Meyer-ter-Vehn J. MULTI-IFE - a one-dimensional computer code for Inertial Fusion Energy (IFE) target simulations [J]. Computer Physics Communications, 2016, 203(2016): 226-237.

第 3 章　激光与等离子体相互作用理论基础

3.1　激光与单电子相互作用

本节从相对论性的电子运动方程出发, 从理论上给出平面电磁波与单电子相互作用过程中的一些物理图像和基本规律, 并结合数值计算展示典型电子运动情况.

3.1.1　相互作用基本方程

单电子理论是激光等离子体物理的基础, 从单电子在激光场中的运动方程出发, 描述单个自由电子的运动图像和规律, 有助于理解复杂的激光等离子体相互作用. 很多非线性的激光与物质相互作用研究都从单电子在强平面波电磁场中的运动轨迹开始. 这个问题可以在实验室坐标系或电子平均静止坐标系下精确求解, 本小节给出这两个坐标系下的推导过程, 并引入相应的符号. 在本章中, 所有推导均采用国际单位制.

带电粒子在电磁场中的动量方程和能量方程由下式给出:

$$\begin{cases} \dfrac{\mathrm{d}\boldsymbol{p}}{\mathrm{d}t} = -e(\boldsymbol{E} + \boldsymbol{v} \times \boldsymbol{B}), \\ \dfrac{\mathrm{d}(\gamma m_{\mathrm{e}} c^2)}{\mathrm{d}t} = -e\boldsymbol{v} \cdot \boldsymbol{E}, \end{cases} \tag{3.1.1}$$

其中 $\boldsymbol{p} = \gamma m_{\mathrm{e}} \boldsymbol{v}$ 是电子的动量, $\boldsymbol{v}$ 是电子的速度, γ 为相对论因子 $(1 - v^2/c^2)^{-1/2}$, e, m_{e} 分别为电子的电荷量和质量. 同时方程中的电场 $\boldsymbol{E}$ 和磁场 $\boldsymbol{B}$ 也可以用矢势 $\boldsymbol{A}$ 和标势 $\varPhi$ 表示:

$$\begin{cases} \boldsymbol{B} = \nabla \times \boldsymbol{A}, \\ \boldsymbol{E} = -\nabla \varPhi - \dfrac{\partial \boldsymbol{A}}{\partial t}. \end{cases} \tag{3.1.2}$$

在激光等离子体物理的描述中, 为了表达的方便与简洁, 通常会对各物理量进行归一化无量纲处理. 如速度使用真空中光速 c 来归一化, 时间和空间坐标分别用 ω_0^{-1}, k_0^{-1} 归一化, 其中 ω_0 和 k_0 分别为激光的频率和波数. 动量、矢势和标势也可以分别归一化为 $\boldsymbol{p} = \boldsymbol{P}/m_{\mathrm{e}}c$, $\boldsymbol{a} = e\boldsymbol{A}/m_{\mathrm{e}}c$, $\phi = e\varPhi/m_{\mathrm{e}}c^2$.

在方程 (3.1.1) 中, 首先考虑简单的情况, 即当 $|\boldsymbol{v}| \ll c$ 时, 忽略 $\boldsymbol{v} \times \boldsymbol{B}$ 项, 得到方程的线性解 $\boldsymbol{v} = -\dfrac{\mathrm{i}e}{m_{\mathrm{e}}\omega_0}\boldsymbol{E}$, 速度的振幅为 $v_0 = eE_0/m_{\mathrm{e}}\omega_0$. 通常可以用归一化的

矢势振幅 a_0 表示激光电场强度的大小:

$$a_0 = \frac{eA_0}{m_e c} = \frac{eE_0}{m_e c \omega_0}. \tag{3.1.3}$$

对于一定波长 λ 和强度 I 的激光, 有常用的换算关系:

$$a_0^2 = I[\text{W/cm}^2]\lambda^2[\mu\text{m}^2]/\zeta(1.37 \times 10^{18}), \tag{3.1.4}$$

其中, ζ 为常数 (线偏振 $\zeta = 1$, 圆偏振 $\zeta = 2$). 一般将 $a_0 \geqslant 1$ 的激光定义为相对论激光, 在这种激光场下运动时电子的相对论效应变得重要. 对于 $1.06\mu\text{m}$ 的 Nd: glass 近红外激光, 相对论激光 a_0 的强度 $I \approx 10^{18}\text{W/cm}^2$. 对方程 (3.1.1) 中的物理量进行上述的归一化无量纲处理, 同时将电场 $\boldsymbol{E}$ 和磁场 $\boldsymbol{B}$ 用矢势 $\boldsymbol{A}$ 和标势 ϕ 表示并取 $\nabla \phi = 0$, 方程可简化为

$$\begin{cases} \dfrac{\mathrm{d}\boldsymbol{p}}{\mathrm{d}t} = - \left[-\dfrac{\partial \boldsymbol{a}}{\partial t} + \boldsymbol{v} \times (\nabla \times \boldsymbol{a}) \right], \\ \dfrac{\mathrm{d}\gamma}{\mathrm{d}t} = \boldsymbol{v} \cdot \dfrac{\partial \boldsymbol{a}}{\partial t}. \end{cases} \tag{3.1.5}$$

为了简化讨论, 考虑单电子与在真空中自由传播 (传播方向为 x 轴正方向) 的平面波激光相互作用, 则激光场的矢势表达式可写为

$$\boldsymbol{A} = (0, \delta A_0 \cos \varphi, (1 - \delta^2)^{\frac{1}{2}} A_0 \sin \varphi), \tag{3.1.6}$$

其中 $\varphi = \omega_0 t - k_0 x + \varphi_0$, φ_0 为初始相位. 对于线偏振激光, $\delta = \pm 1$ 或者 0; 对于圆偏振激光, $\delta = \pm 1/\sqrt{2}$. 将电子动量 $\boldsymbol{p}$ 分写成纵向分量 p_x (标量) 和横向分量 $\boldsymbol{p}_\perp$ (矢量), 则方程 (3.1.5) 中动量的横向分量和纵向分量分别给出

$$\begin{cases} \dfrac{\mathrm{d}\boldsymbol{p}_\perp}{\mathrm{d}t} = \dfrac{\partial \boldsymbol{a}}{\partial t} + v_x \dfrac{\partial \boldsymbol{a}}{\partial x}, \\ \dfrac{\mathrm{d}p_x}{\mathrm{d}t} - \dfrac{\mathrm{d}\gamma}{\mathrm{d}t} = -v_y \left(\dfrac{\partial a_y}{\partial t} + \dfrac{\partial a_y}{\partial x} \right) - v_z \left(\dfrac{\partial a_z}{\partial t} + \dfrac{\partial a_z}{\partial x} \right). \end{cases} \tag{3.1.7}$$

对于方程 (3.1.7) 中的横向运动部分 (第一个等式), 对左右两边积分给出

$$\boldsymbol{a} - \boldsymbol{p}_\perp = \boldsymbol{p}_{\perp 0}. \tag{3.1.8}$$

对于方程 (3.1.7) 中纵向运动部分 (第二个等式), 由于这里电磁波 a_y, a_z 只是关于 $(t - x)$ 的函数, 可以推出等式右侧为 0, 进一步对等式进行积分给出

$$\gamma - p_x = \alpha. \tag{3.1.9}$$

这里, α 是一个待定的常数, 由初始条件决定. 方程 (3.1.8) 和 (3.1.9) 给出两个重要的守恒关系, 这两个守恒关系在问题的分析处理中具有广泛而深刻的作用.

例如, 现在考虑一个初始时刻横向动量 $p_{\perp 0} = 0$ 的电子, 则有 $a - p_\perp = 0$ 且 $\gamma - p_x = \alpha$, 根据 $\gamma = (1 + p_x^2 + p_\perp^2)^{1/2}$, 通过消去 γ 可得到电子横向动量和纵向动量之间满足

$$p_x = \frac{1 - \alpha^2 + p_\perp^2}{2\alpha}. \tag{3.1.10}$$

这个关系代表了自由电子在电磁场中运动的一般解. 另外在电子初始静止的情况下, 即 $p_0 = 0, \gamma_0 = 1$ 时, 容易得出 $\alpha = 1, p_\perp = a, p_x = a^2/2, \gamma - 1 = p_x = a^2/2$, 即电子纵向动量与所处位置激光场强大小的一次方成正比, 而动能和横向动量与激光场强大小的二次方成正比.

当激光归一化场振幅 $a_0 \ll 1$ (非相对论激光) 时, 由于 γ, p_x 的变化幅度是二阶小量, 所以电子主要的运动为横向运动. 在激光为线偏振情况下, 电子会沿着平行于磁矢势的方向以激光频率振荡, 其最大的振荡速度为 $v_{\max} = eE_0/\gamma m_e \omega_0 = a_0 c/\gamma$, 而如果是圆偏振光, 电子则会沿着磁矢势方向不断旋转. 但当 $a_0 \sim 1$ (相对论激光) 或 $a_0 \gg 1$ (强相对论激光) 时, 电子沿激光传播方向的纵向运动开始变得重要, 甚至超越横向运动. 如图 3.1 所示, 其中上方两幅图为在 $a_0 \ll 1$ 情况下, 线偏振和圆偏振激光与单电子相互作用时电子的轨迹图, 可以看到电子主要在做横向运动; 下方两幅图则为 $a_0 > 1$ 情况, 此时, 电子的纵向运动变得明显, 这是因为电子横向振

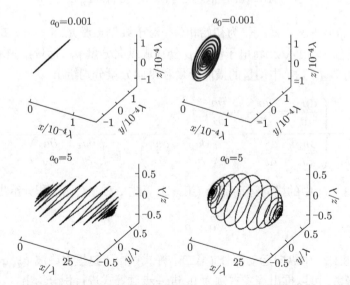

图 3.1　$a_0 \ll 1$ 时线偏振 (上左)、圆偏振 (上右) 及 $a_0 > 1$ 时线偏振 (下左)、圆偏振 (下右) 激光脉冲中, 初始静止电子的运动轨迹

荡速度在激光电场作用下接近光速, 电子受到的纵向洛伦兹力与横向激光电场力可比. 此外, 根据以上推导可以发现, 电子能量取决于电子感受到的激光电场强度, 在脉冲通过后, 电子感受到的归一化激光电场强度为零, $a_0 = 0$, 初始为静止状态的电子仍旧会保持静止, 并没有从平面波激光中获得能量. 因此, 单纯的平面波激光脉冲与单电子相互作用, 无法直接加速电子, 电子仅仅在经历激光上升沿时获得一个临时性的能量, 而在经历激光的下降沿时将能量还给激光.

在实验室坐标系下初始静止的电子在激光场作用下的动量和轨迹表达式由以下公式 (3.1.11) 及 (3.1.12) 给出:

$$
\begin{cases}
p_x = \dfrac{a_0^2}{4}[1 + (2\delta^2 - 1)\cos 2\varphi], \\[2mm]
p_y = \delta a_0 \cos \varphi, \\[2mm]
p_z = (1 - \delta^2)^{1/2} a_0 \sin \varphi,
\end{cases}
\tag{3.1.11}
$$

$$
\begin{cases}
x = \dfrac{1}{4} a_0^2 \left(\varphi + \dfrac{2\delta^2 - 1}{2} \sin 2\varphi \right), \\[2mm]
y = \delta a_0 \sin \varphi \\[2mm]
z = -(1 - \delta^2)^{1/2} a_0 \cos \varphi.
\end{cases}
\tag{3.1.12}
$$

绘制的电子轨迹图如图 3.2 左图 (注意横坐标做了归一化, 对于光强很弱的情况电子的纵向漂移是很小的).

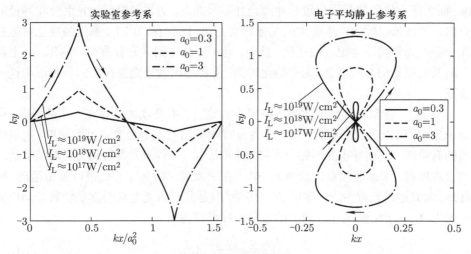

图 3.2 电子轨迹图[1]

从电子在实验室坐标系下的纵向漂移运动可知, 选择合适的常数 α, 可以使电子的平均漂移速度变为 0. 下面将在电子的平均静止坐标系中分析电子的运动. 在

方程 (3.1.10) 中设 $\bar{p}_x = 0$, 可得

$$1 - \alpha^2 + \overline{p_\perp^2} = 1 - \alpha^2 + \overline{a^2} = 0. \tag{3.1.13}$$

对一个激光周期取平均, 即可得到常数 α 的选取: $\alpha = \left(1 + \dfrac{a_0^2}{2}\right)^{1/2}$, 继而得到电子平均静止坐标系下的动量和轨迹方程:

$$\begin{cases} p_x = (2\delta^2 - 1)\dfrac{a_0^2}{4\alpha}\cos 2\varphi, \\ p_y = \delta a_0 \cos\varphi, \\ p_z = (1 - \delta^2)^{\frac{1}{2}} a_0 \sin\varphi, \end{cases} \tag{3.1.14}$$

$$\begin{cases} x = \left(\delta^2 - \dfrac{1}{2}\right)q^2 \sin 2\varphi, \\ \boldsymbol{r}_\perp = 2[\delta q \sin\varphi, -(1-\delta^2)^{\frac{1}{2}} q \cos\varphi], \end{cases} \tag{3.1.15}$$

其中参数 $q = a_0/2\alpha$. 对于线偏振光 ($\delta = 1$), 在电子平均静止坐标系中电子的轨迹呈现 "8 字型", 如图 3.2 右图所示. 当激光光强很弱的时候, 洛伦兹力远远小于电场力, 电子在激光电场方向振荡. 随着激光强度的增加, 洛伦兹力增强, 电子在轴向 (x 方向) 的运动变得显著, 幅度逐渐超过横向 (y 方向).

3.1.2   激光有质动力

严格地说, 上一小节中的讨论只针对于平面波或者振幅在空间中慢变的电磁波. 而实际上使用的超强超短脉冲激光并不是如此, 例如紧聚焦激光束会在其径向方向几个波长尺度内产生很大的光强梯度变化, 同时在轴向上, 激光强度也可能在几个激光周期内发生很大的变化. 此时, 电子还会受到激光有质动力的作用. 下面介绍激光有质动力的概念, 为了简化讨论, 主要考虑激光光强在横向分布不均这一情况.

事实上, 在激光等离子体领域如何严格地定义有质动力还存在一定的争议. 但简单来说, 可以直观理解为: 有质动力是时间平均意义下激光强度的梯度. 这里给出的有质动力的推导也并不完全严格, 但可以作为一种激光有质动力影响粒子运动的直观理解. 考虑非相对论的情况: 电子在一束聚焦激光中心处进行振荡运动. 同样地, 激光还是选取为沿 x 轴正方向传播, 但是此时激光电场强度是随着径向位置 $\boldsymbol{r}$ 变化的, 电子在横向 y 方向上的运动方程可以写为

$$\frac{\partial v_y}{\partial t} = -\frac{e}{m_e} E_y(\boldsymbol{r}). \tag{3.1.16}$$

在 y 方向上对 $E_y(\boldsymbol{r})$ 做泰勒展开可得

$$E_y(r) = E_0(y)\cos\phi + y\frac{\partial E_0(y)}{\partial y}\cos\phi + \cdots, \tag{3.1.17}$$

其中 $\phi = \omega_0 t - k_0 x$. 对 $E_y(r)$ 仅取第零阶 $E_0(y)\cos\phi$ 代入式 (3.1.16), 可以解出粒子速度和位移的零阶表达式分别为 $v_y^{(0)} = -v_{os}\sin\phi$; $y^{(0)} = v_{os}\cos\phi/\omega$, 其中 $v_{os} = eE_0/m\omega_0$, 这是激光电场零阶项作用产生的电子振荡运动. 对 $E_y(r)$ 取第零阶和第一阶, 并结合 $v_y^{(0)}, y^{(0)}$ 代入式 (3.1.16) 可得

$$\frac{\partial v_y^{(1)}}{\partial t} = -\frac{e^2}{m_e^2 \omega_0^2} E_0 \frac{\partial E_0(y)}{\partial y} \cos^2\phi. \tag{3.1.18}$$

可以看出, 电子运动中 $v_y^{(1)}$ 部分便是来自于激光电场横向变化的梯度. 将上式乘以粒子质量 m_e 并取周期平均可以得到有质动力的表达式为

$$f_p \equiv m_e \overline{\frac{\partial v_y^{(2)}}{\partial t}} = -\frac{e^2}{4 m_e \omega_0^2} \frac{\partial E_0^2}{\partial y}. \tag{3.1.19}$$

这个力的作用是将电子从激光强度高的区域推向低的区域, 因此会导致电子远离聚焦激光束的中心位置, 如图 3.3 所示.

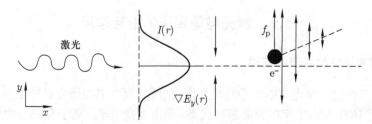

图 3.3 聚焦激光束径向有质动力的示意图. 由于径向有质动力的作用, 电子会从高电场强度的中心区向低电场强度的边缘区移动[2].

另一种简单的理解是: 电子前半个周期在激光电场的作用下远离中心强场区, 在下半个周期激光电场反向时, 由于此时感受到的激光电场变弱, 因此在下半个周期结束时, 不能回到原来的位置, 而是沿着光强梯度方向有一个漂移, 同时获得能量. 需要注意的是, 这里仅描述了电子在横向上受到的 "有质动力", 而严格来说有质动力是沿着光强下降的梯度方向, 并不仅仅限制在横向, 要得到这个方向上的结果, 就还要考虑由洛伦兹力引起的纵向漂移, 也就是考虑电子运动相对论效应的情况. 可以从式 (3.1.5) 中的洛伦兹方程出发, 得到

$$\frac{\partial \boldsymbol{p}}{\partial t} + (\boldsymbol{v} \cdot \nabla)\boldsymbol{p} = e\left[\frac{\partial \boldsymbol{A}}{\partial t} - \boldsymbol{v} \times (\nabla \times \boldsymbol{A})\right]. \tag{3.1.20}$$

将电子动量根据运动的时间尺度分成快变部分 $\boldsymbol{p}^f$ 和慢变部分 $\boldsymbol{p}^s$, 其中快变部分是直接由于激光电场作用导致的, 因此 $\boldsymbol{p}^f = e\boldsymbol{A}$, 而慢变部分是电子在激光强度梯度

作用下的时间平均效果. 结合下面的等式

$$\boldsymbol{v} \times (\nabla \times \boldsymbol{p}) = \frac{1}{m_e \gamma} \boldsymbol{p} \times \nabla \times \boldsymbol{p} = \frac{1}{2 m_e \gamma} \nabla |\boldsymbol{p}|^2 - \frac{1}{m_e \gamma} (\boldsymbol{p} \cdot \nabla) \boldsymbol{p}, \tag{3.1.21}$$

通过在一个激光周期内的平均可以得到相对论性的有质动力:

$$\boldsymbol{f}_p = \frac{\mathrm{d} \boldsymbol{p}^s}{\mathrm{d} t} = -m_e c^2 \nabla \overline{\gamma}, \tag{3.1.22}$$

其中 $\overline{\gamma} = (1 + p_s^2/m_e^2 c^2 + a_0^2/2)^{1/2}$. 如果 $a_0 \ll 1$, 上式可以退化为式 (3.1.19). 以上推导并不是完全严格的, 但是这个结论与其他更复杂的方式如拉格朗日方法得到的结果是一致的.[2]

需要说明的是, 在单粒子模型下推导的有质动力表达式也可用于等离子体情形. 在实际的等离子体中, 并不存在单个的自由电子, 通常需要考虑电子等离子体波等集体效应, 此时一般用流体模型描述, 在流体模型下推导得到的有质动力表达式与式 (3.1.22) 完全一致.

3.2   激光与等离子体相互作用

3.2.1   等离子体的双流体描述

上一节讨论了激光与单电子的相互作用过程, 而本书的研究对象主要是等离子体. 等离子体作为物质存在的第四种状态, 是由大量电子、离子和部分中性粒子组成的, 以集体效应为主的, 宏观上呈现准电中性的物质状态. 在激光作用下原子电离出大量非束缚态的电子, 电子在带正电的离子背景中运动, 由于电荷之间的库仑相互作用导致电荷屏蔽, 带电粒子的库仑屏蔽势表示为

$$\varphi = \frac{q}{4\pi \varepsilon_0 r} \mathrm{e}^{-\frac{r}{\lambda_D}}, \tag{3.2.1}$$

其中 $\lambda_D = \sqrt{\varepsilon_0 k_B T_e / n_e e^2}$ 为德拜长度, k_B 为玻尔兹曼常数, T_e 为等离子体电子温度, n_e 为电子数密度. 德拜长度表征了带电粒子形成等离子体的最小尺度, 这个尺度之内含有大量带电粒子, 对外则呈现出准电中性. 等离子体在受到外界扰动时会产生集体的振荡行为, 由于电子的质量远小于各种离子的质量, 在处理过程中有时会将离子视为固定不动的正电背景, 在这个离子背景下电子受到扰动时, 又会因离子的电荷吸引力被拉回. 考虑一个简单的一维模型, 由电场的散度方程 $\nabla \cdot \boldsymbol{E} = n_e e / \varepsilon_0$ 可以近似给出 $E = n_e e x / \varepsilon_0$, 电子运动方程写为

$$m_e \frac{\mathrm{d}^2 x}{\mathrm{d} t^2} = -e E = -e \frac{n_e e}{\varepsilon_0} x. \tag{3.2.2}$$

可以看出, 电子围绕离子在做简谐振动, 又称为等离子体振荡, 其振荡频率

$$\omega_{\mathrm{pe}} = \sqrt{\frac{n_{\mathrm{e}} e^2}{m_{\mathrm{e}} \varepsilon_0}}. \tag{3.2.3}$$

下面介绍等离子体的双流体模型, 将电子看做一种流体, 离子看做另一种流体, 在没有大的外加磁场的等离子体中, 存在高频的电子等离子体波和低频的离子声波. 为了描述这种等离子体, Vlasov 在 1938 年提出了无碰撞的等离子体动理学方程:

$$\frac{\partial f_j(\boldsymbol{x}, \boldsymbol{v}, t)}{\partial t} + \boldsymbol{v} \cdot \frac{\partial f_j(\boldsymbol{x}, \boldsymbol{v}, t)}{\partial \boldsymbol{x}} + \frac{e_j}{m_j} [\boldsymbol{E}(\boldsymbol{x}, t) + \boldsymbol{v} \times \boldsymbol{B}(\boldsymbol{x}, t)] \cdot \frac{\partial f_j(\boldsymbol{x}, \boldsymbol{v}, t)}{\partial \boldsymbol{v}} = 0, \tag{3.2.4}$$

其中 $f_j(\boldsymbol{x}, \boldsymbol{v}, t)$ 表示 j 类粒子在相空间 $(\boldsymbol{x}, \boldsymbol{v})$ 中的位置随时间变化的函数. 无碰撞等离子体的性质可由 Vlasov 方程和麦克斯韦方程完全描述.

等离子体的流体方程从 Vlasov 方程对速度取矩导出, 粒子密度的连续性方程和粒子运动方程为

$$\begin{cases} \dfrac{\partial n_j}{\partial t} + \nabla \cdot (n_j \boldsymbol{u}_j) = 0, \\ m_j n_j \dfrac{\mathrm{d} \boldsymbol{u}_j}{\mathrm{d} t} = q_j n_j (\boldsymbol{E} + \boldsymbol{u}_j \times \boldsymbol{B}) - \nabla P_j - m_j n_j \gamma_{ij} (\boldsymbol{u}_i - \boldsymbol{u}_j), \end{cases} \tag{3.2.5}$$

其中 γ_{ij} 为电子和离子的碰撞频率. 流体的压强 P 由流体的状态方程给出: 当等离子体经历的物理过程 (例如与激光相互作用) 的特征频率 ω 与波数 k 满足 $\omega/k \gg u_j$ 时, 考虑等温状态方程 $P_j = n_j T_j$; 当 $\omega/k \ll u_j$ 时, 考虑绝热状态方程 $P_j/n_j^\gamma =$ 常数, 其中 $\gamma = (N+2)/N$, N 是自由度数; 当 ω/k 与 u_j 可比时, 粒子速度分布的细节需要考虑, 需要回到 Vlasov 方程进行描述. 方程组 (3.2.5) 与流体状态方程构成双流体模型, 再结合等离子体中的麦克斯韦方程组

$$\begin{cases} \nabla \cdot \boldsymbol{E} = \dfrac{1}{\varepsilon_0} \sum_j n_j q_j, \\ \nabla \cdot \boldsymbol{B} = 0, \\ \nabla \times \boldsymbol{E} = -\dfrac{\partial \boldsymbol{B}}{\partial t}, \\ \nabla \times \boldsymbol{B} = \mu_0 \sum_j n_j q_j \boldsymbol{u}_j + \mu_0 \varepsilon_0 \dfrac{\partial \boldsymbol{E}}{\partial t}, \end{cases} \tag{3.2.6}$$

便构成了等离子体双流体模型的完整描述.

先分析高频场在等离子体中的传播, 将等离子体物理量中的高频部分视为对高频场的响应, 低频部分视为对时间的平均值的贡献. 离子质量较大, 对高频场难以响应, 所以只需考虑电子对高频电流的贡献, 且电子经历绝热状态过程, 其特征

热速度为 $v_{\mathrm{te}} = \sqrt{k_{\mathrm{B}}T_{\mathrm{e}}/m_{\mathrm{e}}}$. 考虑体系偏离平衡状态的小扰动 $n_{\mathrm{e}} = n_0 + n_{\mathrm{e1}}, \boldsymbol{u} = \boldsymbol{u}_0 + \boldsymbol{u}_{\mathrm{e1}}, \boldsymbol{E} = \boldsymbol{E}_1$, 式中下标 1 表示一阶小量, 上面两个方程组只保留一阶小量项, 可得线性化方程

$$-\frac{e}{m_{\mathrm{e}}}\nabla P_{\mathrm{e}} = v_{\mathrm{te}}^2 \left(\frac{\nabla n_{\mathrm{e1}}}{n_0} - \frac{1}{n_0^2} n_{\mathrm{e1}}\nabla n_0 \right). \tag{3.2.7}$$

考虑到等离子体是对于形式为 $\boldsymbol{E}_1 = \boldsymbol{E}_0 \exp\{-\mathrm{i}(k \cdot x - \omega t)\}$ 的高频场的响应, 并结合泊松方程 $\nabla \cdot \boldsymbol{E}_1 = -en_{\mathrm{e1}}/\varepsilon_0$ 和电场传播方程可以得到

$$\nabla^2 \boldsymbol{E}_1 + \frac{\omega^2}{c^2}\varepsilon(\boldsymbol{r})\boldsymbol{E}_1 = \left[\left(1 - \frac{v_{\mathrm{te}}^2}{c^2} \right)\nabla + \frac{v_{\mathrm{te}}^2}{c^2}\frac{\nabla n_0}{n_0} \right](\nabla \cdot \boldsymbol{E}_1), \tag{3.2.8}$$

其中 $\varepsilon(\boldsymbol{r}) = 1 - \omega_{\mathrm{pe}}^2/\omega^2(1 + \mathrm{i}\gamma_{\mathrm{e,i}}/\omega)$ 为等离子体介电常数, 通常认为 $\gamma_{\mathrm{e,i}} \ll \omega$. 对于均匀等离子体, 在上式中代入横波条件 $\boldsymbol{k} \cdot \boldsymbol{E} = 0$ 和纵波条件 $\boldsymbol{k} \times \boldsymbol{E} = 0$ 分别得到

$$\omega^2 = \omega_{\mathrm{pe}}^2 + c^2 k^2, \tag{3.2.9}$$

$$\omega^2 = \omega_{\mathrm{pe}}^2 + 3v_{\mathrm{te}}^2 k^2. \tag{3.2.10}$$

这就是电磁波和静电等离子体波在均匀等离子体中的色散关系. 对于频率较低的情况, 离子的运动也需要考虑, 电子会跟随着离子运动, 在低频长波 (即波长比德拜屏蔽距离大很多) 情况下, 电子的热力学状态由等温状态方程给出, 运用类似的推导可得离子声波的色散关系为

$$\omega^2 = v_{\mathrm{s}}^2 k^2, \tag{3.2.11}$$

式中 $v_{\mathrm{s}} = \sqrt{(\gamma_{\mathrm{i}}T_{\mathrm{i}} + \gamma_{\mathrm{e}}T_{\mathrm{e}})/m_{\mathrm{i}}}$ 为离子声速.

3.2.2 激光在等离子体中的传播

上面已经给出了激光在等离子体中的色散关系 $\omega^2 = \omega_{\mathrm{pe}}^2 + c^2 k^2$, 进而可以求出激光在等离子体中的折射率为

$$\eta = \frac{ck}{\omega} = \sqrt{1 - \frac{\omega_{\mathrm{pe}}^2}{\omega^2}}. \tag{3.2.12}$$

上式表明, 当 $\omega_{\mathrm{pe}} < \omega$ 时, 折射率 η 小于 1, 激光可以在等离子中传播; 而 $\omega_{\mathrm{pe}} > \omega$ 时, 折射率为虚数, 意味着激光在等离子体中强度迅速衰减, 不能在其中传播. 这个临界点 $\omega_{\mathrm{pe}} = \omega$ 定义了等离子体的临界密度, 对于非相对论激光, 通过式 (3.2.12) 可以求出临界密度的表达式:

$$n_{\mathrm{c}} = \frac{m_{\mathrm{e}}\varepsilon_0}{e^2}\omega^2 \approx 1.1 \times 10^{21} \left(\frac{\lambda}{\mu\mathrm{m}} \right)^{-2} \mathrm{cm}^{-3}. \tag{3.2.13}$$

对于相对论激光 $a_0 \geqslant 1$, 需考虑相对论效应, 周期平均的相对论因子可表达为 $\gamma = \sqrt{1 + a_0^2/2}$. 在这种情况下, 相对论激光能够穿透的等离子体临界密度为非相对论激光情况下的 γ 倍, 此现象被称为激光的相对论自透明. 此时, 相对论激光在等离子体中的折射率表达式也相应修正为 $\sqrt{1 - n_e/\gamma n_c}$. 可以看出, 激光在等离子体中的折射率随激光强度的增大而增大. 对于常见的高斯脉冲, 其轴线上激光光强最大, 所以折射率最大而相速度最小. 这样等离子体就会像一个棱镜一样会聚激光 (如图 3.4[3]), 这种效应叫做相对论自聚焦. 同时光强在横向上的不均匀分布引起的有质动力会将电子往边上排开, 于是形成中间低两边高的密度分布 (中间折射率最大), 也会导致激光的自聚焦效应, 这种效应称为有质动力自聚焦. 理论结果表明激光在等离子体中的自聚焦现象存在功率阈值[2] $P_L \approx 16.2(\omega/\omega_{pe})^2 10^9 \mathrm{W}$, 只有大于这个功率的激光在相应的等离子体中才能够出现自聚焦现象.

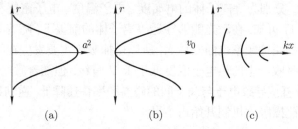

图 3.4   相对论自聚焦示意图[3]

另外, 激光光强在纵向上的不均匀分布也会带来非线性效应, 激光的群速度在光强强的地方要大于光强弱的地方, 这会导致在等离子体的传播过程中, 发生激光脉冲的压缩和脉冲前沿的变陡, 这种效应叫做激光的自相位调制. 激光的自聚焦和自相位调制效应在模拟和实验中都得到了验证[4−6]. 需要指出的是, 相对论自聚焦和自相位调制等非线性效应都是在等离子体密度低于临界密度或者在临界密度附近时发生的物理现象, 调整激光强度和包络时, 这些效应可以起到指导作用[7], 也是等离子体光学研究的重要内容; 而对于电子密度远远高于临界密度 ($n_e \gg n_c$) 的等离子体例如固体靶材来说, 激光不能穿透等离子体, 激光与等离子体的相互作用范围局限在趋肤深度 $l_s \approx c/\omega_{pe}$ 内.

3.3   电子加热 (能量吸收) 机制

在现有强度 $I \leqslant 10^{22} \mathrm{W/cm^2}$ 这样的激光参数下, 激光并不能直接加速离子. 激光首先将能量传递给电子, 进而电子的热压或者激光的光压可以维持着电子与离子之间的分离, 离子再通过静电分离场获取能量. 在激光与等离子体相互作用过程中, 电子加热是一个极为重要的过程. 目前电子的加热机制主要有碰撞吸收、共振吸收、真空加热、$J \times B$ 加热和直接激光加速等, 下面逐一进行介绍.

3.3.1　碰撞吸收

碰撞吸收发生在激光强度比较低 (约 10^{13}W/cm^2 到 10^{15}W/cm^2) 的范围, 由电子和离子之间的碰撞引起, 也叫做逆轫致吸收. 电子在激光电场的作用下发生高频振动并与离子发生碰撞, 碰撞效应使得电子的动能传递给离子, 激光的能量由此被等离子体吸收. 若忽略集体效应和量子效应, 当 $\hbar\omega \ll k_B T_e$ 时, 可得到碰撞效应对激光的线性吸收系数[8] 为

$$K_{ab} \approx \frac{Zn_e^2}{T_e^{3/2}(1 - n_e/n_c)^{1/2}}, \tag{3.3.1}$$

其中 Z, T_e, n_e, n_c 分别为等离子体的电离度、电子温度、电子密度和等离子体临界密度. 从式 (3.3.1) 可知, 在激光能够穿透等离子体的前提下, 随着等离子体密度升高, 电子和离子的碰撞频率也随之增大, 所以碰撞吸收主要发生在临界密度附近区域, 一般由碰撞吸收产生的热电子温度低于 keV 量级. 但随着激光强度增加, 等离子体温度的上升直接导致电子与离子间的碰撞频率快速降低, 逆轫致吸收的作用减弱, 而其他的非碰撞吸收机制开始占主导.

3.3.2　共振吸收

共振吸收[8,9]是非相对论激光条件下 ($\sim 10^{16}\text{W/cm}^2$) 在等离子体临界密度面附近发生的电磁波向静电波的能量转换过程. 考虑一束 p 偏振激光以 θ 角 (入射角 θ 定义为激光波矢方向 k 和等离子体密度梯度方向 $\hat{z}$ 的夹角) 斜入射到非均匀密度等离子体中, 激光电矢量存在与电子密度梯度方向平行的分量, 即 $E \cdot \nabla n_e \neq 0$, 因此电场可以驱动电子沿着密度梯度方向的振荡, 产生电荷密度的涨落. 在等离子体临界密度处, 这种密度的涨落是共振的, 从而激发出电子等离子体波.

激光斜入射、p 偏振和等离子体非均匀是激光能够被共振吸收的三个必要条件, 图 3.5 给出了斜入射 p 偏振激光在密度逐渐变化的等离子体中被反射以及共振激发电子等离子体波的示意过程. 激光的部分能量通过线性或非线性模式传递给等离子体波, 使等离子体波被迅速加热, 最终波破裂而产生超热电子. 相应的热电子温度 T_e 与激光强度之间有经验上的定标率[10]

$$T_e \approx 14(I\lambda)^{1/3}T_b^{1/3}, \tag{3.3.2}$$

其中 I 是以 10^{16}W/cm^2 为单位的激光光强, λ 是以 μm 为单位的激光波长, T_b 是以 keV 为单位的背景电子温度.

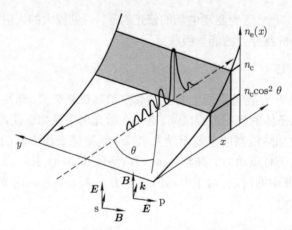

图 3.5   斜入射 p 偏振激光在非均匀等离子体临界密度面附近的共振吸收[2]

3.3.3 真空加热

真空加热由 Brunel 提出[11], 又称之为 "Not-so-resonant, resonant absorption" (不是那么共振的共振吸收), 顾名思义, 真空加热与共振吸收有一定联系. 实际上, 它们表征了等离子体不同密度分布状态下的吸收机制. 当等离子体密度标长较大 (密度变化缓慢) 时, 共振吸收占主导, 激光电场能够在临界密度面附近驱动强等离子体波, 并将能量传递至电子. 当等离子体密度变化陡峭, 密度标长小于一个激光波长时, 共振条件无法满足, 此时真空加热主导.

考虑线极化激光以入射角 θ 入射到密度由零急剧上升到远大于临界密度的等离子体靶上, 在临界密度附近激光将会共振驱动振幅为 E_p 的等离子体波. 陡峭边界条件下, E_p 可近似为激光电场 E_0. 这样将在靶前形成振幅为 $E_d = 2E_0 \sin\theta$ 的驻波场. 该振荡电场可猛烈地将电子从靶表面拉出, 而当场改变方向时, 电子将会反转并加速进入等离子体中, 其沿着密度梯度方向的振荡幅度为 $x_p \approx eE_0/m_e\omega_0^2$. 当电子返回至初始位置时, 其速度应为 $v_d \approx 2v_{os}\sin\theta$, 其中 $v_{os} = eE_0/m_e\omega_0$ 是电子在激光场中的振荡速度. 此时等离子体的密度远高于临界密度, 激光不能穿透等离子体, 所以电子脱离了激光场继续在等离子体里传播, 其能量最后通过碰撞等方式损失掉. 真空加热机制经常发生在激光与固体靶作用的过程中.

根据电容器模型[11], 考虑非全反射情况的真实驱动电场

$$E_d = [1 + (1 - \eta_a)^{1/2}] \cdot E_0 \sin\theta,$$

并假定这些从靶表面拉出的电子全部回到靶内且忽略 $\boldsymbol{v} \times \boldsymbol{B}$ 项的影响, 则激光转换效率为

$$\eta_B = (1/\pi a_0)f[(1 + f^2 v_{os}^2 \sin^2\theta/c^2)^{1/2} - 1](\sin\theta/\cos\theta), \quad (3.3.3)$$

其中 $f = 1 + (1 - \eta_{\mathrm{a}})^{1/2}$ 为驱动电场的修正因子. 可见较大的入射角与较强的激光会增强真空加热机制导致的能量吸收.

3.3.4 $\boldsymbol{J} \times \boldsymbol{B}$ 加热

$\boldsymbol{J} \times \boldsymbol{B}$ 加热[12]在物理图像上与上述真空加热机制类似, 都发生在激光与密度边界陡峭的等离子体的作用过程区间, 电子在激光场中被加速获得能量. 它们的主要区别在于真空加热机制的主要驱动力来自于垂直靶表面方向的电场, 而 $\boldsymbol{J} \times \boldsymbol{B}$ 加热来自于激光场有质动力的高频项 $\boldsymbol{v} \times \boldsymbol{B}$ (洛伦兹力项) 引起的一种非线性吸收. 类似于 3.1.2 小节中的讨论, 对于电场形式为 $\boldsymbol{E} = E_0(x) \sin \omega_0 t \hat{\boldsymbol{y}}$ 的线极化激光, 其会产生一种纵向力

$$\boldsymbol{f}_{\mathrm{p}} = -(m_{\mathrm{e}}/4)(\partial v_{\mathrm{os}}^2(x)/\partial x)(1 - \cos 2\omega_0 t)\hat{\boldsymbol{x}}. \tag{3.3.4}$$

上式右侧第一项为非振荡项, 也就是通常认为的有质动力, 它提供一个恒定的压力推动电子往靶内加速, 进而导致电子密度分布的形状向里层凹陷; 而第二项是高频振荡项, 电子在这个力的作用下以 $2\omega_0$ 频率在交界面处振荡从而被加热. 需要指出的是, $\boldsymbol{J} \times \boldsymbol{B}$ 加热机制存在于任何一种非圆偏振的激光中, 它在激光正入射靶时是最有效的, 并且当电子振荡速度是相对论级别时, $\boldsymbol{J} \times \boldsymbol{B}$ 加热会变得非常重要. 而对于正入射靶的圆偏振激光, 式 (3.3.4) 中振荡项为零, 几乎不存在 $\boldsymbol{J} \times \boldsymbol{B}$ 加热, 因此在光压加速中, 更偏向使用圆偏振激光来抑制这一类型的电子加热.

一般来说, 真空加热和 $\boldsymbol{J} \times \boldsymbol{B}$ 加热在激光和固体陡峭密度等离子体作用时都会存在. 当 $2E_0 \sin \theta > v_{\mathrm{osc}} B_0$ 时, 真空加热占主导地位[10]; 而对于垂直入射的激光, $\boldsymbol{J} \times \boldsymbol{B}$ 加热占主导地位.

3.3.5   直接激光加速 (DLA)

直接激光加速[13-17](Direct Laser Acceleration, DLA) 是较长脉冲 ($L > \lambda_{\mathrm{p}}$) 强激光与近临界密度等离子体 ($0.1n_{\mathrm{c}} < n_{\mathrm{e}} < \gamma n_{\mathrm{c}}$) 相互作用中主要的电子加速机制, 以上 $L, \lambda_{\mathrm{p}}, n_{\mathrm{e}}, n_{\mathrm{c}}, \gamma$ 分别是激光的空间脉宽、电子等离子体波波长、等离子体密度、等离子体临界密度和电子的相对论因子. 在这里, 也将其列为一种激光等离子体的加热机制进行简单介绍.

在 DLA 加速过程中, 相对论激光在等离子体中通常满足自聚焦条件[4], 因此激光会首先经历自聚焦过程, 同时激光有质动力将电子往横向周围排开, 在后续传播过程中形成等离子体通道 (图 3.6(b)), 通道内会产生很强的自生准静态电磁场 (图 3.6(d)(e)), 通道中的电子在轴向自生磁场作用下被横向束缚, 并在激光场的作用下经历横向的振荡和纵向的加速 (图 3.6(b)(c)). 因为其能量主要来源于激光横向电场的直接做功, 所以这个加速过程被称为直接激光加速, 图 3.6 给出了直接激光加

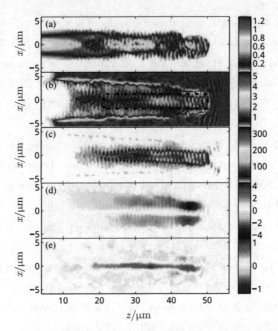

图 3.6　临界密度靶中的直接激光加速 (DLA)[16]. (a) 瞬时激光强度, (b) 电子密度, (c) 电子能量密度, (d) 自生角向磁场, (e) 自生轴向磁场.

速过程中的主要场分布特征. 当 DLA 电子横向振荡频率和激光场频率满足特殊的匹配关系时[16,17], 大量电子会经历共振加速, 共振电子的能量和电量都将得到很大提升, 具体过程在此不详细展开讲解. DLA 过程蕴含丰富的物理过程, 其电子的运动行为以及辐射特征目前仍有待发掘.

参 考 文 献

[1]　Quinn M N, McKenna P. Investigations of fast electron transport in intense laser-solid interactions [D]. University of Strathclyde, 2011.

[2]　Gibbon P. Short pulse laser interactions with matter: an introduction [M]. London: Imperial College Press, 2005.

[3]　Umstadter D. Relativistic laser-plasma interactions [J]. Journal of Physics D: Applied Physics, 2003, 36: R151.

[4]　Mora P, Antonsen J, Thomas M. Kinetic modeling of intense, short laser pulses propagating in tenuous plasmas [J]. Physics of Plasmas, 1997, 4: 217-229.

[5]　Sun G Z, Ott E, Lee Y, et al. Self-focusing of short intense pulses in plasmas [J]. The Physics of Fluids, 1987, 30: 526-532.

[6] Wang H, Lin C, Sheng Z, et al. Laser shaping of a relativistic intense, short gaussian pulse by a plasma lens [J]. Physical Review Letters, 2011, 107: 265002.

[7] Bin J, Ma W, Wang H, et al. Ion acceleration using relativistic pulse shaping in near-critical-density plasmas [J]. Physical Review Letters, 2015, 115: 064801.

[8] Kruer W L. The physics of laser plasma interactions [M]. Boca Raton: CRC Press, 2019.

[9] Sentoku Y, Kruer W, Matsuoka M, et al. Laser hole boring and hot electron generation in the fast ignition scheme [J]. Fusion Science and Technology, 2006, 49: 278-296.

[10] Forslund D, Kindel J, Lee K. Theory of hot-electron spectra at high laser intensity [J]. Physical Review Letters, 1977, 39: 284.

[11] Brunel F. Not-so-resonant, resonant absorption [J]. Physical Review Letters, 1987, 59: 52.

[12] Kruer W L, Estabrook K. $\boldsymbol{J} \times \boldsymbol{B}$ heating by very intense laser light [J]. The Physics of Fluids, 1985, 28: 430-432.

[13] Pukhov A, Sheng Z-M, Meyer-ter-Vehn J. Particle acceleration in relativistic laser channels [J]. Physics of Plasmas, 1999, 6: 2847-2854.

[14] Qiao B, Zhu S-p, Zheng C, et al. Quasistatic magnetic and electric fields generated in intense laser plasma interaction [J]. Physics of Plasmas, 2005, 12: 053104.

[15] Arefiev A V, Breizman B N, Schollmeier M, et al. Parametric amplification of laser-driven electron acceleration in underdense plasma [J]. Physical Review Letters, 2012, 108: 145004.

[16] Liu B, Wang H, Liu J, et al. Generating overcritical dense relativistic electron beams via self-matching resonance acceleration [J]. Physical Review Letters, 2013, 110: 045002.

[17] Hu R, Liu B, Lu H, et al. Dense helical electron bunch generation in near-critical density plasmas with ultrarelativistic laser intensities [J]. Scientific Reports, 2015, 5: 15499.

第 4 章　激光驱动离子加速物理机制

在目前的激光强度下, 激光还不能直接加速离子, 而是需要先将能量传递给电子, 再利用产生的电荷分离场来加速离子. 上一章介绍了激光加热电子的物理机制. 本章中将开始介绍在各种参数条件下, 激光与等离子体发生相互作用时加速离子的物理机制. 激光离子加速实验中, 离子加速的物理机制和加速结果会因实验条件 —— 例如激光参数 (如强度, 偏振态, 脉冲宽度, 焦斑大小, 激光对比度等)、靶参数 (如材料, 密度, 厚度, 形状等) 以及一些控制条件 (如入射角度, 聚焦距离等) 的不同而变化. 目前, 研究人员已经相继提出了多种离子加速机制, 其中包括: 靶背鞘层加速 (TNSA), 光压加速 (RPA), 激波加速 (CSA), 靶破烧蚀加速 (BOA) 以及库仑爆炸 (CE) 加速等. 上述大部分的加速机制大多已经在实验中被实现与验证. 此外, 近些年来还有一些新型加速机制相继被提出. 这一章主要介绍常见的离子加速机制的物理图像和理论模型. 这些理论模型的提出有助于进一步理解和分析激光离子加速实验的相互作用过程, 通过理论模型给出的离子加速能量的定标公式也可以对离子能量、束流品质等特性进行合理预测. 另外本章还对目前每种加速机制的相关实验进展加以简单介绍, 以帮助读者对激光离子加速的现状有一个更深入的了解.

4.1　靶背鞘层加速

4.1.1　靶背鞘层加速 (TNSA) 的物理图像

靶背鞘层加速 (Target Normal Sheath Acceleration, TNSA) 是目前较为成熟的一种加速机制, 已被很多实验验证.

其基本的物理图像为[1-3]: 激光入射到固体靶的前表面产生具有相对论速度的超热电子; 电子束传播到靶的后表面时, 在靶背法向方向建立一个超强的鞘层电场, 该鞘层静电场可直接将靶后表面的原子电离 (其中, 质子主要来自于被污染的靶表面的水汽和碳氢化合物), 产生的离子束在静电场中被加速并以一定的立体角发射, 如图 4.1 所示.

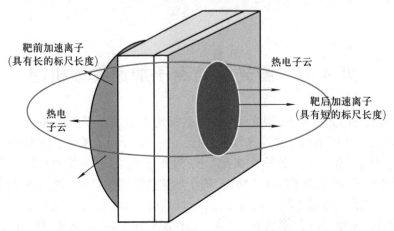

图 4.1　靶背鞘层加速 (TNSA) 机制原理图[1]

4.1.2　TNSA 的定标率

为了解释 TNSA 机制的物理过程, 人们提出了多种理论模型. 例如 Mora 等人提出等温自由膨胀模型[4,5], Passoni 等人提出轻离子加速模型[6]和 Tikhonchuk 等人提出双粒子组分模型[7]等. 这里主要介绍目前应用较为广泛的等温自由膨胀模型.

如图 4.2 所示, 假定初始 $t=0$ 时刻, 离子静止且密度分布陡峭, 电子密度分布服从玻尔兹曼分布, 即

$$n_{\mathrm{e}} = n_{\mathrm{e}0}e^{e\Phi/T_{\mathrm{e}}}, \quad x \in (-\infty, +\infty), \tag{4.1.1}$$

$$n_{\mathrm{i}} = \begin{cases} n_{\mathrm{i}0}, & x \in (-\infty, 0), \\ 0, & x \in (0, +\infty), \end{cases} \tag{4.1.2}$$

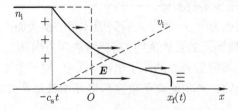

图 4.2　真空自由膨胀模型示意图

其中 Φ 为静电势, $\Phi(-\infty)=0$, 即 $n_{\mathrm{e}0} = Zn_{\mathrm{i}0}$. 静电势满足泊松方程:

$$\mathrm{d}^2\Phi/\mathrm{d}x^2 = 4\pi(n_{\mathrm{e}} - Z_{\mathrm{i}}n_{\mathrm{i}}). \tag{4.1.3}$$

以上公式中, n_e 和 T_e 分别表示靶后超热电子的密度和温度, n_i 和 Z_i 为离子的密度和电荷数. $t > 0$ 时, 离子开始向靶后膨胀, 此时电子依然遵循玻尔兹曼分布, 泊松方程仍然有效. 靶后鞘层电场的特征长度为电子的德拜长度:

$$\lambda_D = \sqrt{T_e/4\pi n_e e^2}. \tag{4.1.4}$$

利用初始电荷分布及泊松公式, 得到初始时刻最强的电场位于 $x = 0$ 处, 电场强度为

$$E_{\text{sheath},0} = \sqrt{2}T_e/\sqrt{e_N}e\lambda_D = \sqrt{8\pi n_e T_e/e_N} = \sqrt{2/e_N}E_0, \tag{4.1.5}$$

这里 $e_N \approx 2.718\,28$ 为欧拉常数, $E_0 = \sqrt{4\pi n_e T_e}$.

任意时刻, 离子束前端处的电场强度为

$$E_f = 2E_0/(2e_N + \omega_{\text{pi}}^2 t^2)^{1/2},$$

其中 $\omega_{\text{pi}} = \sqrt{4\pi n_{e0} e^2/m_i}$ 为离子等离子体频率.

根据离子的连续性方程和运动方程

$$\partial n_i/\partial t + \nabla \cdot (n_i v_i) = 0, \tag{4.1.6}$$

$$ZeE = m_i dv_i/dt, \tag{4.1.7}$$

用自相似解法[4]可求得电子密度分布为

$$n_e = n_{e0} \exp(-x/c_s t - 1), \tag{4.1.8}$$

离子的速度前沿为

$$v_f = 2c_s \ln(\tau + \sqrt{1 + \tau^2}), \tag{4.1.9}$$

离子的位置前沿为

$$x_{\text{front}} = 2\sqrt{(2e_N)}\lambda_D[\tau \ln(\tau + \sqrt{1 + \tau^2}) - \sqrt{1 + \tau^2} + 1],$$

其中 $\tau = \omega_{\text{pi}}t/\sqrt{2e_N}, c_s = \sqrt{Z_i k_B T_e/m_i}$ 为离子声速. 在 $\tau \gg 1$ 时, $v_f = 2c_s \ln(2\tau)$, $x_{\text{front}} = 2\sqrt{(2e_N)}\lambda_D[\tau \ln(2\tau) - 1]$. 根据不同位置处离子的密度及其对应的速度, 可以得到被加速离子的最大能量和能谱分布 (其中 $E_0 = Z_i k_B T_e$):

$$\varepsilon_i = 2Z_i T_e[\ln(\tau + \sqrt{1 + \tau^2})]^2, \tag{4.1.10}$$

$$dN/dE = (n_{i0} c_s/\sqrt{2EE_0}) \exp(-\sqrt{E/E_0}). \tag{4.1.11}$$

上述模型中, 固体靶被假定为无限厚. 对于有限厚度的靶, 等温膨胀模型不再完全适用. 但是, 根据激光脉宽与电子在靶中运动时间的关系, 可以计算出满足等

温膨胀模型适用条件的靶的厚度范围. 比如说, 对于实验上脉宽约 50fs 左右的激光脉冲, 满足模型适用条件的靶厚至少大于几个 μm.

除了等温自由膨胀模型, 还有其他的模型也可以解释离子的加速过程. 它们大都同样给出了离子的最大能量 ε_i 正比于热电子的温度 T_e 的结果, 即

$$\varepsilon_i \propto T_e. \tag{4.1.12}$$

考虑到热电子的温度近似等于电子的有质动力势[8,9] (电子在有质动力场中获得的能量)

$$T_e = \Phi_{\text{pond}} = m_e c^2 (\sqrt{1 + a_0^2} - 1), \tag{4.1.13}$$

于是 TNSA 加速机制下离子能量的定标率大致可以表达为

$$\varepsilon_i \propto T_e \propto \sqrt{1 + a_0^2} - 1 \propto I_0^{1/2}, \tag{4.1.14}$$

即对于 TNSA 机制, 其离子的截止能量约与激光强度的 1/2 次方成正比.

虽然目前关于 TNSA 机制的理论已相对成熟, 但实验中得到的离子能谱通常呈指数下降特征, 质子能量和单能性等品质都与实际应用有一定差距. 目前对于 TNSA 机制的研究主要集中于如何通过改变靶的构型和布局来提高激光的吸收效率, 进而提高离子的能量.

4.1.3 TNSA 实验

激光离子加速的实验研究[10−12]开始于 2000 年. 在初期的探索阶段, 关于出射离子的具体加速机制存在一定争议. 2000 年, Clark 等人[11,13]用强度 $5 \times 10^{19} \text{W/cm}^2$ 的激光入射到 125μm 的铝靶上, 得到约 10^{12} 个能量高于 2MeV 的高能质子, 在使用辐射变色膜片测量质子发射角时, 观测到环形的离子分布 (如图 4.3), 他们认为这是因为高能质子来源于前表面, 在穿过热等离子体时被内部的环形磁场偏转. 同年, Snavely 等人[12]利用能量 48J、功率 1PW 和强度 $3 \times 10^{20} \text{W/cm}^2$ 的超强激光轰击 100μm 的塑料靶, 观察到在靶背表面射出的准直高能强流质子束, 12% 的激光

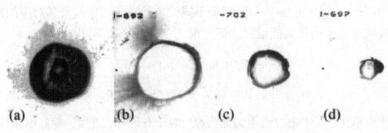

图 4.3 质子的环形分布[11]

能量都转换为 2×10^{13} 个能量高于 10MeV 的高能质子, 质子能谱呈现典型的麦克斯韦分布, 截止能量高达 58MeV. 如图 4.4, 当他们进一步将激光以 45° 角入射到一个角度为 30° 楔形靶上时, 发现了两个分离的质子束沿锲形靶的两条直角边背面的法向方向发射.

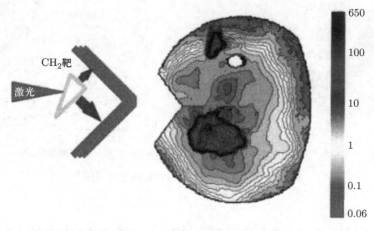

图 4.4 质子的垂直靶背分布[12]

2001 年, Wilks 等人[1]预测高能离子主要来源于靶背鞘层电场的加速; 在同年 Mackinnon 改变靶表面的等离子体定标长度的研究也认为质子来自于后表面[14]. 更直接的证据来自 2004 年 Allen 等人[15]使用 Ar 离子枪直接去除靶材后表面污染层的实验, 他们发现去除污染层以后未观察到高能质子, 从而判断高能质子来源于靶后. 随后, Fuchs 等人[16]的实验也相继证实了高能离子的来源, 确定靶后离子具有更高的能量和更低的发散角. 目前, 国际上大多数离子加速实验都基于 TNSA 机制.

在 TNSA 主导的加速实验中, 激光强度范围一般为 $10^{18}\mathrm{W/cm^2}$ 到 $10^{20}\mathrm{W/cm^2}$, 靶材一般有碳氢靶、金属靶、聚合材料靶等, 靶厚均在 μm 量级. 尽管上述基于 TNSA 机制的实验能够获得一定能量的质子, 但是它们得到的加速离子的能谱基本都呈现出指数下降的趋势, 质子能量和单能性等品质都离实际应用所需的束流品质相差甚远. 而且, TNSA 机制还存在激光到高能离子能量转换效率低的劣势. 于是, 在经过前期的探索阶段后, 为改善加速品质, 研究人员提出了多种优化加速方案.

在激光条件不变的情况下, 可以通过调制靶的结构来提升激光与靶的耦合效率, 进而增强离子加速. 2006 年, 德国耶拿量子光学所 Schwoerer 等人在 $3 \times 10^{19}\mathrm{W/cm^2}$ 的激光强度下, 利用平板靶后放置微型靶的微结构靶 (如图 4.5) 获得了中心能量为 1.2 MeV, 能散度为 25% 的准单能质子束[17]. 类似地, Hegelich 等人也利用复合靶得到了能散 17%, 平均能量为 3MeV 的准单能 C^{5+} 离子[18]. 这种平面微型小靶的使用可以使得局域被加速的离子处于一个更加均匀的鞘场当中, 从而降低了离子能散, 提高束流品质.

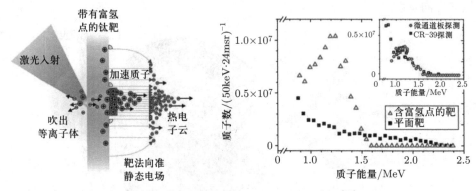

图 4.5　微型结构靶获得准单能质子示意图[17]

捷克的 Margarone 等人[19,20] 将直径为 nm 量级的聚合材料纳米小球平铺于 μm 量级的平面靶前 (如图 4.6), 微型球靶的结构分布使得对激光的吸收效率大大增加. 相同的激光条件下, 平面靶前放置纳米球靶可使得质子的能量提高接近 2 倍. 意大利的 Passoni 等人在 0.75μm 平面铝靶前放置 $\sim$ 8μm 的碳泡沫靶[21], 在同等激光条件下, 碳泡沫靶可以显著提升激光的吸收效率, 进而提高质子的出射能量.

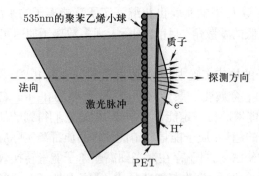

图 4.6　纳米球靶加速示意图[19]

2016 年, 德国的 Wagner 等人[22]用 $2.6 \times 10^{20} \mathrm{W/cm^2}$ 的线偏振激光斜入射到 900nm 的塑料靶上, 获得了最高能量为 85 MeV 的质子 (如图 4.7), 此实验结果是到目前为止在 TNSA 机制加速实验中得到的质子最高能量.

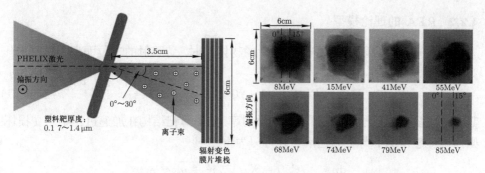

图 4.7　用塑料靶获得高能量质子的实验示意图及探测质子能量结果[22]

4.2　光 压 加 速

4.2.1　光压加速 (RPA) 的物理图像

得益于激光强度的提高以及制靶工艺的成熟, 人们提出了激光驱动超薄靶的光压加速模型 (Radiation Pressure Acceleration, RPA)[23-27] 以实现更加高效的离子加速. 根据激光与超薄固体靶相互作用的物理过程, 可以将 RPA 的加速过程分为 "打孔" (hole-boring) 和 "光帆" (light-sail) 两个阶段: 在 "打孔" 阶段, 高光强大焦斑的激光入射到薄靶上, 激光的有质动力将电子压缩并推出, 形成电荷分离场, 离子在电荷分离场的作用下被加速, 随后加速过程由 "打孔" 阶段平滑过渡到 "光帆" 阶段; 在 "光帆" 阶段, 被推出的电子和离子形成准电中性的等离子体片并脱离靶体, 作为整体的 "等离子体飞镜" (plasma mirror) 被激光推动加速, 见图 4.8. 由于等离子体密度接近固体密度, 激光被完全反射, 激光能量可以被有效地转化为离子能量.

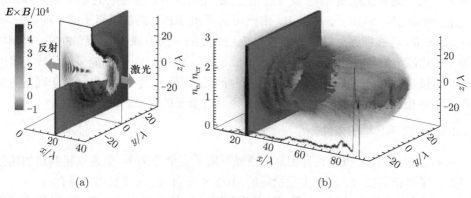

图 4.8　光压加速模拟结果[23]

4.2.2　RPA 的理论模型

当激光垂直照射到运动速度为 v 的物体上时, 受照射的单位面积上所受光压为

$$P_{\mathrm{rad}} = R(2I_0/c)(1-\beta)/(1+\beta), \quad \beta = v/c, \tag{4.2.1}$$

其中, R 是在靶静止坐标系下激光的反射率. 如果薄靶结构在加速过程中未受损坏, 则一维理想情况下薄靶的运动方程可写为[23,28,29]

$$\frac{\mathrm{d}p}{\mathrm{d}t} = R\frac{E_{\mathrm{L}}^2(t-X/c)}{2\pi n_{\mathrm{e}}l}\frac{\sqrt{p^2+m_{\mathrm{i}}^2c^2}-p}{\sqrt{p^2+m_{\mathrm{i}}^2c^2}+p}, \tag{4.2.2}$$

这里 $m_{\mathrm{i}}, n_{\mathrm{i}}, n_{\mathrm{e}}$ 和 l 分别为离子质量、离子密度、电子密度和薄靶厚度. 相应地, 可以给出在 $R \approx 1$ 的情况下, 被加速离子最大能量的表达式[23]:

$$\varepsilon_{\mathrm{i}} \approx m_{\mathrm{i}}c^2\left(\frac{3E_{\mathrm{L}}^2 t}{8\pi n_{\mathrm{e}}lm_{\mathrm{i}}c}\right)^{1/3} = m_{\mathrm{i}}c^2\left(\mu s\frac{t}{T}\right)^{1/3}, \tag{4.2.3}$$

其中 $\mu = Zm_{\mathrm{e}}/m_{\mathrm{i}}$, $s = E_{\mathrm{L}}^2/\sigma$, $\sigma = n_{\mathrm{e}}l/n_{\mathrm{c}}\lambda$ 为靶的归一化面密度, T 为激光周期. 上面的表达式假设了加速时间 $t \to \infty$, 若在有限的加速时间下, 比如说对于有限脉宽含有 W_{L} 能量的激光脉冲, 在脉冲终止时刻, 离子的最大能量和激光的能量转化率可表达为[23,29]

$$\varepsilon_{\mathrm{i,max}} = \frac{2W_{\mathrm{L}}}{2W_{\mathrm{L}}+N_{\mathrm{i}}m_{\mathrm{i}}c^2}\frac{W_{\mathrm{L}}}{N_{\mathrm{i}}}, \tag{4.2.4}$$

$$\eta = \frac{N_{\mathrm{i}}\varepsilon_{\mathrm{i,max}}}{W_{\mathrm{L}}} = \frac{2W_{\mathrm{L}}}{2W_{\mathrm{L}}+N_{\mathrm{i}}m_{\mathrm{i}}c^2}, \tag{4.2.5}$$

其中, N_{i} 为激光焦斑范围内的离子数目. 从上面的式子可以推出, 如果激光能量远大于离子的静止能量 ($W_{\mathrm{L}} \gg N_{\mathrm{i}}m_{\mathrm{i}}c^2$), 激光的大多数能量将转换成离子的动能 $\varepsilon_{\mathrm{i,max}} \approx W_{\mathrm{L}}N_{\mathrm{i}} > m_{\mathrm{i}}c^2$, $\eta \approx 1$. 由此可估算出 RPA 机制下离子能量的定标率: $\varepsilon_{\mathrm{i,max}} \propto I_0$, 即被加速后的离子能量与激光强度的一次方成正比, 而 TNSA 机制的离子截止能量是与激光强度的 $1/2$ 次方成正比, 同时, RPA 机制能量转化效率理论上可以接近 100%, 也远高于 TNSA 机制. 因此, 可以看出 RPA 机制对于利用激光等离子体相互作用加速产生高能离子来说具有重要的意义.

4.2.3　实现 RPA 的条件

虽然激光 RPA 机制具有超高的激光到离子能量转化率, 但是该机制对加速条件提出了严格的要求. 若要实现稳定的 RPA 离子加速, 须满足以下条件:

(1) 激光光强足够强, 电子能够从固体靶中整体被推出. 对于 µm 级厚度的固体靶, 这要求的激光光强远远超过现有的激光技术能达到的水平. 例如, 活塞加速

是 RPA 机制中的一种极端情况, 不仅需要极高的聚焦光强, 而且时域上需要把通常的高斯脉冲转化为方波脉冲, 这样苛刻的条件暂时难以实现[23].

(2) 最好采用圆偏振激光. 从 3.3.4 小节关于有质动力的讨论可知, 当线极化激光脉冲垂直入射到固体靶前表面时, 有质动力 $f_p \sim -\nabla E_0^2(x)[1 - \cos(2\omega t)]$ 中的振荡项将引起电子振荡, 造成电子剧烈加热, 破坏加速结构. 而使用圆偏振激光, 有质动力 $f_p \sim -\nabla E_0^2(x)$ 中不含 $\cos(2\omega t)$ 的振荡项, 电子加热将会受到明显的抑制, 更有利于激光将能量直接传递给 "等离子体飞镜", 从而实现更高的能量转化率.

(3) 激光的焦斑需要足够大, 使得整个加速过程维持准一维的条件. 上述理论模型都建立在准一维的基础上, 若激光焦斑过小, 那么在加速区域就需要考虑更多的二维三维效应, 这将会导致激光的转换效率大大下降. 因此, 入射激光的横向上采用超高斯或者平顶的脉冲要优于高斯脉冲[26,30,31].

(4) 横向不稳定性[32]需要得到控制. 在 RPA 加速过程中, 由于使用的是高强度的激光以及超薄靶, 横向不稳定性的发展极易破坏加速结构而终止加速过程. 下一章会着重介绍横向不稳定性对于激光加速过程的影响.

4.2.4 稳相光压区域

RPA 方法提出后, 由于其具有较高的加速效率而迅速引起了人们的关注. 但是, 理论上光压加速需要激光功率密度达到 $10^{24}\mathrm{W/cm^2}$[23], 且要求时域脉冲波形为方波, 实验中暂时难以实现这些条件. 为了能够在实验上实现这种理想而高效的离子加速机制, 同时进一步提高离子束流品质, 颜学庆等人通过理论分析和数值模拟计算, 发现 RPA 机制中存在一种稳相区域: 利用中等强度的圆偏振激光与纳米靶相互作用, 纳米靶中的电子束向靶内整体压缩, 使得固体靶中静电加速场分布具有负梯度的特点 (沿加速方向). 这种静电场不仅对离子有加速的作用, 还会在纵向对离子进行聚束, 理论上可以有效降低离子束流能散. 下面来介绍这种稳相加速机制[27].

当相对论圆偏振激光垂直入射到固体靶表面时, 有质动力由于不存在振荡项, 可以将电子整体向靶内压缩. 固体薄膜靶会逐渐形成两个薄层: 一层是由缺少电子的正离子组成的电子耗尽层; 另一层则是带负电荷的电子压缩层. 由此形成特定的纵向电场分布如图 4.9 所示.

若激光归一化电场强度 a_0、等离子体电子密度 n 以及靶的厚度 D 满足[27]

$$a_0(1+\eta)^{1/2} \sim (n_0/n_c)(D/\lambda_L), \tag{4.2.7}$$

有质动力将不足以将电子完全推出靶外, 而是与静电力达到平衡. 式 (4.2.7) 中 η 为激光反射系数, n_0 为等离子体初始密度, n_c 为等离子体临界密度, λ_L 为激光在真空中的波长. 当激光入射到固体靶上时, 电子压缩层将被缓慢加速, 它会不断地

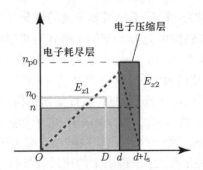

图 4.9　电子密度和离子密度分布示意图[27]

把动量通过静电力传递给待加速的离子. 如图 4.9 所示, 对于处在电子压缩层内的离子, 受到的静电力强度沿着 x 方向 (E_{x2}) 是负梯度的. 这意味着处在前面的离子感受到的加速场较小, 而处在后面的离子感受到的加速场较大, 因此, 落在后面的粒子能够追赶并超过前面的粒子, 可以从如图 4.10 所示的离子相图中观察到这一相互 "追赶" 现象. 这与常规射频加速器中的稳相加速过程非常类似[70], 因此, 这种加速机制也被称为稳相光压加速. 在这种加速机制下, 粒子束在纵向相空间中被压缩和聚集, 如图 4.11 的离子能谱所示, 束流能散显著降低. 同时激光不断推着电子压缩层, 粒子的能量也能够得到持续提高.

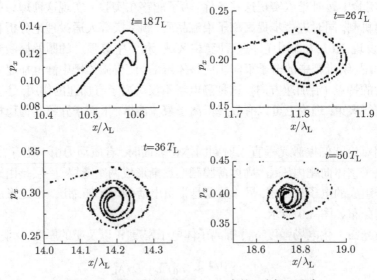

图 4.10　离子在相空间 (x, p_x) 中的 "追赶" 运动

根据上述模型, 被加速的离子数量可以达到 $a_0 n_0 \lambda_L (\pi \omega_L^2)$. 如果激光束的半径 $w_L = 1\mu m$, 波长 $\lambda_L = 1\mu m$, 液氢靶等离子体密度 $n_0 \sim 10^{22}/cm^2$, 归一化激光电场

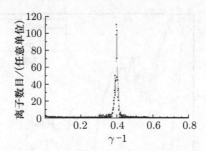

图 4.11　离子能谱 (γ 为相对论因子)

强度 $a_0 = 10$, 理论上可以产生的高能质子数在 10^{11} 量级. 稳相光压加速为将来的小型台面加速器提供了一种可能的方案, 对激光离子加速器走向实际应用具有重要意义.

4.2.5　RPA 实验

　　如上面所提到, 在鞘层场主导的离子加速实验中, 靶材的厚度在 μm 量级, 激光到离子的能量转化率通常较低. 自 2004 年 Esirkepov 等人在理论上提出活塞加速机制后[23], 由于该机制所得质子束单能性好以及激光能量转化率高而引起了广泛的关注与研究. 但由于活塞加速机制对激光参数 (超高光强和极短上升沿) 和超薄靶材制备的苛刻要求, 开展实验的条件尚不具备. 2008 年后人们逐步发现只要激光光压和固体薄膜靶材的静电分离力相当时, 存在一个稳相加速区域, 激光离子加速可以类比 "风帆" 或者 "光帆" 加速的原理, 离子加速理论取得进一步突破[24,27,33−37]. 这些理论的提出, 显著降低了 RPA 对激光光强和上升沿的苛刻要求, 此后世界上有多个团队成功开展了 RPA 实验, 这里将主要结果做一下介绍.

　　德国慕尼黑量子光学所 Henig、Steinke 等人[38−40] 在 2009 年首次开展了光压驱动离子加速实验, 他们在实验中利用能量为 0.7 J、聚焦强度为 5×10^{19} W/cm² 超高对比度 (10^{11}) 的圆偏振激光垂直入射到超薄类金刚石碳靶上, 在最优靶厚 5.3 nm 的情况下观察到全电离碳离子 C^{6+} 的单能峰结构 (如图 4.12)[38]; 此时电子加热得到了明显的抑制, 质子最高能量达到 13MeV, 碳离子最高能量为 71MeV, 激光能量转换效率达到 10%, 远高于之前薄靶离子加速实验的结果[39]. 随后Kar等人也报道了超强激光驱动多组分固体靶光压离子加速的实验结果, 利用 250TW、强度为 3×10^{20}W/cm² 的超强激光轰击超薄靶, 获得了峰值能量约为 $1 \sim 10$MeV/u 的高亮度的准单能质子束和碳离子束 (如图 4.13)[41].

　　2013 年, Steinke 等人用 5×10^{19}W/cm² 的圆偏振激光轰击 10nm 的聚合物材料靶, 获得了峰值能量为 ~ 2 MeV 的准单能质子, 这部分质子耦合了约 6.5% 的激光能量, 他们还清楚地在离子能谱中观察到了质子和碳离子的多层界面结构[41].

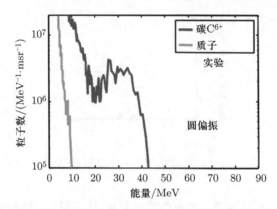

图 4.12   实验中观测到的碳离子单能峰结构[38]

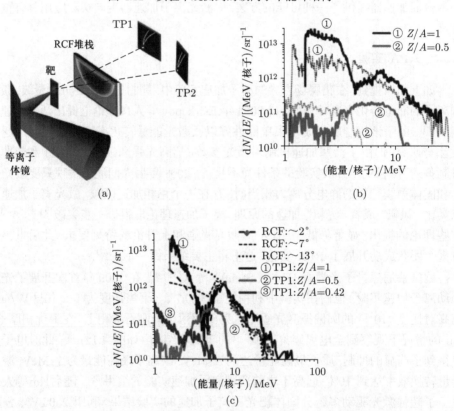

图 4.13   实验中观测到的碳离子和质子的准单能峰结构. TP: 汤姆孙谱仪.[41]

2015 年, 德国慕尼黑大学宾建辉和北京大学马文君等人利用近临界密度等离子体透镜对激光整形的优势[42], 在 nm 量级的类金刚石碳靶前加上数 μm 的临界密度碳纳米管结构靶[43], 当能量为 4J、聚焦强度为 $2 \times 10^{20} \mathrm{W/cm^2}$ 的激光作用在临界密度靶时, 自聚焦及自相位调制等非线性效应使得激光脉冲被整形[42]——强度提高、对比度变好, 从而离子加速增强, 获得了 $\sim$15MeV/u 的碳离子准单能峰 (如图 4.14). 随后在 2019 年, 北京大学颜学庆、马文君团队与韩国 Kim 等人合作, 再次发挥临界密度靶和类金刚石碳靶双层靶的优点, 实现新的飞秒激光加速碳离子能量的世界纪录[44]. 在临界密度靶中通过激光直接加速产生了大量的相对论电子, 这些电子在随后整形激光光压加速的碳离子中附加了靶后的鞘层场, 实现了重离子级联加速, 最高碳离子能量达到了 48MeV/u, 如图 4.15 所示. 如此高能量离子的产生证实了双层靶实现级联加速机制的可行性, 并为核物理、高能量密度物理以及医学物理的相关研究提供了良好的支持.

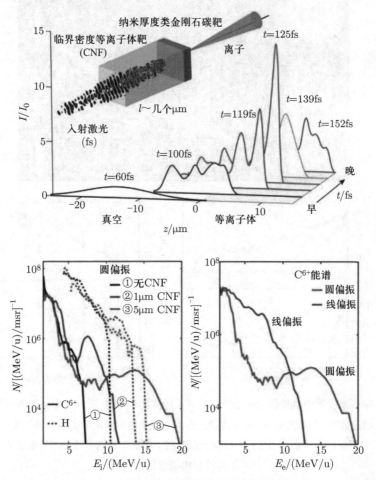

图 4.14　碳纳米管 (CNF) 临界密度靶对激光的整形及对离子加速的增强[43]

　　而对于质子加速, 2016 年, 韩国 Kim 等人用聚焦强度为 6.1×10^{20}W/cm^2 的圆

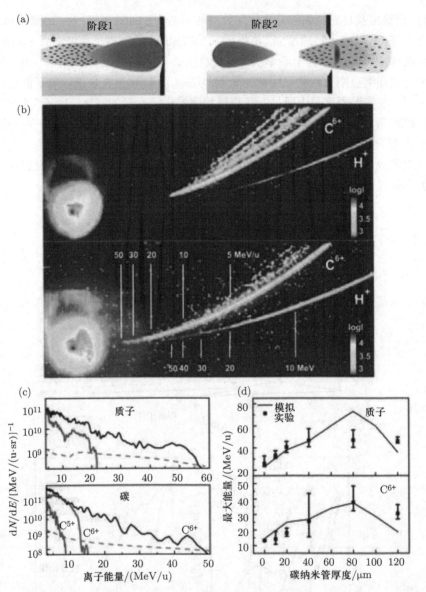

图 4.15　临界密度靶中直接激光加速产生的电子增强离子加速. 图 (b) 中上图表示单层纳米薄靶的离子加速情况, 下图表示双层靶的情况; 图 (c) 中浅色实线是单层纳米靶的离子能谱, 深色实线表示双层靶的离子能谱; 图 (d) 是质子和碳离子能量与碳纳米管的厚度的关系, 图中显示了实验和模拟结果.[44]

偏振激光轰击聚合材料纳米靶, 在 15nm 的最佳靶厚位置得到截止能量 93MeV 的质子 (如图 4.16)[45], 不过质子的能谱并没有明显的单能峰, 可能的原因是激光的条件并不能达到理论模型中的要求, 且实际的实验中掺杂着多维效应等.

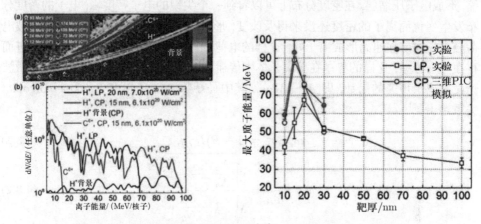

图 4.16　离子能谱及最佳靶厚测量[46]. CP: 圆偏振; LP: 线偏振.

2018 年, Higginson 等人[46] 将能量为 210J、激光强度为 $3 \times 10^{20}\mathrm{W/cm^2}$ 的线偏振激光斜入射到超薄塑料靶上, 在最佳靶厚 75nm 的条件下产生了能量超过 94MeV 的质子. 通过 PIC 数值模拟, 他们指出被加速的高能质子经历了 TNSA 和 RPA 混合加速过程.

综合这些最新的实验结果可以发现, 利用高对比度超强激光和 nm 量级超薄靶的光压加速, 在提高离子能量、降低离子能散、提高激光能量转换效率等方面相比于靶背鞘层加速都有明显的优势, 有望成为以后离子加速实验的一个主流方向. 然而, 实验结果也表明, 目前通过光压离子加速机制实际获得的离子或质子能量还远低于理论和模拟的预测结果, 如何通过实验获得更高能量、更好品质的离子束, 还需要进一步开展深入研究.

4.3　其他加速机制

靶背鞘层加速 (TNSA) 和光压加速 (RPA) 是目前被研究最多的两种离子加速机制. 除此之外, 还有其他几种离子加速的机制, 在这里也作一下简单介绍.

4.3.1　激波加速 (CSA)

无碰撞静电激波加速 (Collisionless Shock Acceleration, CSA), 简称激波加速, 最早于 2004 年由 Silva 等人提出[47]. 对于一定强度的激光, 如果靶相对较厚, 在等离子体被光压 "打孔" 之后, 无法满足前述 "光帆" 阶段的条件, 此时有可能产生无碰撞静电激波加速机制[47–49].

在一维准静态模型中, 激光辐射到靶体上, 有质动力将电子向激光传播方向压缩, 形成电子压缩层, 在密度分布上可以看到一个尖锐的电子密度峰; 电子的密度分布发生变化而离子的密度还没来得及改变, 形成电荷分离场, 留在后面的离子被电荷分离场向前加速而形成离子峰. 这样的电荷分离场具有图 4.17 所示的分布, 进而存在一个势垒. 这样的势垒在等离子体中传播可以发展成为静电激波 (shock), 激波速度为离子声速的倍数, 即 $v_s = Ma c_s$, 其中马赫数 Ma 可以由 Rankine-Hugoniot 关系给出[50]:

$$n_i m_i v_s^2 = (1 + R) I_L / c, \tag{4.3.1}$$

$$Ma = \frac{v_s}{c_s} = \sqrt{\frac{\dfrac{N_2}{N_1} \dfrac{T_{e2}}{T_{e1}} - 1}{1 - \dfrac{N_1}{N_2}}}, \tag{4.3.2}$$

式中 N_1 和 N_2 分别为激波未经过 (下游) 和已经过 (上游) 的等离子体区域的电子密度分布, T_{e1} 和 T_{e2} 则对应激波未经过及已经过的等离子体区域的电子温度.

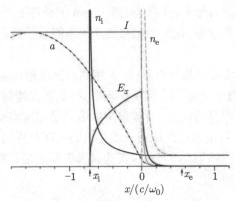

图 4.17   激波形成前电子与离子密度峰的分布[50]

如图 4.18 所示, 等离子体整体以 v_0 的速度向右膨胀, 即未被加速的离子以初始速度 v_0 向右运动, 而激波以速度 $v_s = Ma c_s + v_0$ (图中 v_s 为 v_{sh}, c_s 为 c_{s0})向右运动. 在运动激波的参考系中, 静止的离子是以 $v_s - v_0$ 的速度向左运动, 遇到激波后被反弹且以 $v_s - v_0$ 的速度向右运动; 变换回实验室参考系下, 被激波反弹的离子速度为 v_i (图中为 v_{ions}) $= 2v_s - v_0 = 2Ma c_s + v_0$. 要形成激波, 马赫数 $Ma = v_s / c_s$ 不能太小, Forslund[51]给出了马赫数的临界条件为 $Ma \geqslant 1.6$. 由于激波加速的离子速度是由激波速度决定, 对于定速运动的激波, 可以得到单能性较好的离子束. 而实际情况中, 有多种因素影响加速离子的品质: 随着激波不断加速离子, 激波的能量也在不断地衰减; 激波速度与离子声速有关, 而离子声速又与电子温度有关, 不同时刻、不同区域的激波速度难于保持一致; 将准一维模型推广到多维情况时, 多维效应 (比如堆积的高密度区域发生横向热扩散等效应) 也会严重影响激波速度.

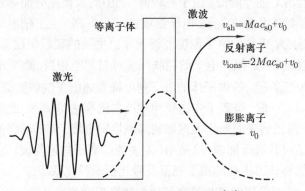

图 4.18 激波加速机制示意图[49]

在实验中实现激波加速既可以采用固体靶也可以采用气体靶. 2011 年, Haberberger 等人用能量为 60 J 的二氧化碳激光轰击氢气体靶, 在实验中观测到了等离子体激波的形成 (如图 4.19), 得到了峰值能量为 20 MeV、能散约 1% 的质子[52]. 上海光机所的 H. Zhang 等人在 2015 年用聚焦强度为 $2 \times 10^{19} \mathrm{W/cm^2}$ 的激光入射到类金刚石碳薄膜靶上, 预脉冲加热靶前并形成近临界密度的预等离子体, 当主脉冲作用在预等离子体时形成等离子体电子密度峰, 而这个等离子体密度峰产生的激波可以加速靶中的碳离子, 得到了峰值能量约 7.5 MeV 的准单能的碳离子[53].

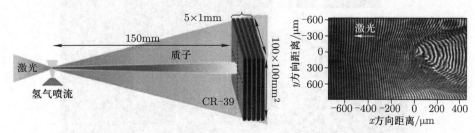

图 4.19 激波加速 (CSA) 实验示意图 (左) 及等离子体密度分布图 (右)[52]

4.3.2 靶破烧蚀加速 (BOA)

靶破烧蚀加速 (Breakout Afterburner Acceleration, BOA)[54,55]机制最先由美国洛斯阿拉莫斯国家实验室 (LANL) 的 Yin 等人提出. BOA 机制采用强度约为 $10^{21} \mathrm{W/cm^2}$ 的线偏振激光以及厚度为 nm 量级 (10 ~ 500nm) 的靶, 其加速过程可分为三个阶段:

(1) 激光脉冲入射到高密度固体靶, 由于有质动力振荡项的存在, 激光在靶的前表面不断加热电子.

(2) 增强 TNSA 加速阶段. 由于靶较薄, 靶中尚未被充分加热的冷电子能够回流, 被激光加热而产生超热电子, 电子温度进一步提高. 由于鞘层场强度正比于电子温度的 $1/2$ 次方, 更高的电子温度能够诱导出更强的靶后鞘层场. 此时, 等离子体虽呈现高密度的状态, 但其电子的趋肤深度可与靶厚相当, 激光开始部分穿透靶.

(3) BOA 加速阶段. 等离子体的电子密度随着热电子的膨胀而下降, 当电子密度 n_e 降为 $n_e \approx \gamma n_c$ 时, 等离子体达到相对论自诱导透明状态. 此时激光和电子一同向前运动, 在薄靶后表面产生大振幅的局域纵向电场, 该电场峰值位置与离子同步运动并不断地对其进行加速, 这是 BOA 主要的离子加速阶段. 与 TNSA 机制相比, BOA 机制能够获得更高的离子能量及激光能量转化效率.

由于 BOA 机制采用的是与等离子体趋肤层深度相当的薄靶, 所以轴向的电子层会接近耗尽. 大量电子将堆积到垂直于极化轴的方向, 导致高能离子主要在中心轴两侧分布 (图 4.20). 这与 TNSA 机制加速的离子束主要集中在垂直靶背的方向有明显不同.[55]

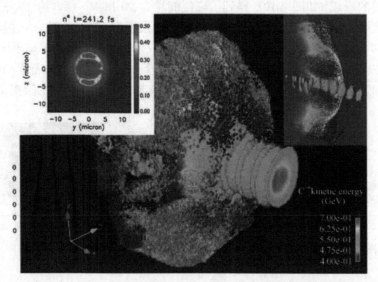

图 4.20　BOA 加速的高能离子主要分布在垂直于激光传播及偏振方向[55]

相比于 TNSA 机制, 在同等的激光条件下 BOA 机制要求靶更薄, 对电子的加热也更加充分. 2013 年, Hegelich 等人用能量为 90 J、聚焦强度为 $2 \times 10^{20} \mathrm{W/cm^2}$ 的激光轰击薄靶, 发现当靶对于激光相对论自透明时, 离子加速最有效, 这一状态会一直维持到靶的电子密度降低到临界密度以下, 在最佳靶厚下得到了 37.8 MeV

的质子[56]. Wagner 等人在 2015 年用聚焦强度为 $6 \times 10^{20} \text{W/cm}^2$ 的激光以 $10°$ 角斜入射到靶厚为 $200 \sim 1200\text{nm}$ 的聚合材料靶上, 观察到两种角分布范围不同的质子束团. 如图 4.21, 在靶后的法线方向出射截止能量约为 30 MeV 、不依赖于靶厚变化的质子束团, 这些质子被认为是来自于 TNSA 加速; 而在中心轴侧向区域观察到的质子束团, 其出射的最高能量随靶厚的变化而改变, 在最佳靶厚 750 nm 时的截止能量达到 61 MeV, 这些质子被认为是来自于 BOA 加速[57].

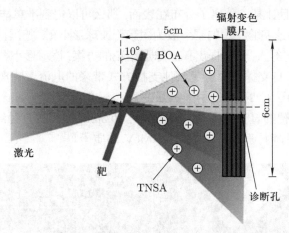

图 4.21　TNSA 与 BOA 混合加速机制[57]

4.3.3　库仑爆炸 (CE) 加速

前面已经讨论的加速机制主要采用激光与平面固体靶相互作用. 在激光离子加速实验中, 也有人尝试用其他形态的靶, 例如团簇 (介于原子、分子与宏观固体物质之间的物质结构) 靶. 团簇尺寸在几百 nm 到 μm 量级, 密度为固体密度. 但团簇与团簇之间有空隙, 当激光与团簇靶相互作用时, 激光将团簇靶电离为等离子体并膨胀匀化, 得到的等离子体密度远小于固体密度. 与平面固体靶相比, 团簇靶具有更高的激光能量吸收效率.

库仑爆炸 (Coulomb Explosion, CE) 加速机制主要由静电压驱动, 这与靶背鞘层加速 (TNSA) 机制的热压驱动和光压加速 (RPA) 机制的光压驱动有明显的不同. 库仑爆炸加速[58-60]是激光轰击团簇靶产生高能离子的主要机制, 其基本的物理过程为: 激光入射到团簇靶上, 绝大多数激光能量首先沉积给团簇中的电子, 这些热电子向四周膨胀, 形成中心带正电、周围带负电的电荷分布, 激发出径向的电场, 进而加速离子. 需要注意的是, 离子感受到的静电场一部分来自于膨胀电子的吸引, 另一部分来自于周围离子的排斥.

考虑靶中的电子被全部排空, 且不会回到靶中的情况. 将电子从团簇原子中全

部剥离所需的激光强度为

$$a_0 \geqslant 2\pi n_e R_0 / 3 n_c \lambda_0. \tag{4.3.3}$$

被加速到最高能量的离子初始位于团簇表面, 其能量可以利用下式进行估计:

$$E_{\max} = 4\pi e^2 Z_i R_0^3 n_e / 3 = 3 Z_i m_e c^2 a_0^2 n_c / n_e. \tag{4.3.4}$$

　　从物理上看, 位于同一半径处的离子受到的作用力的大小相同. 如果团簇靶中含有多种离子, 且让某一种离子分布在表面, 那么可以得到准单能的粒子.

　　库仑爆炸加速实验中用的靶一般为团簇靶或球形小靶. 德国慕尼黑大学 Oster-mayr 和 Sokollik 等人[61,62] 提出孤立球形小靶的方案, 该球形小靶可以通过外加磁场实现完全悬浮自支撑从而避免其他支撑方式带来的电流影响离子加速. 在 2016年的实验中 (如图 4.22), 他们用聚焦强度为 $(2 \sim 3) \times 10^{20} \mathrm{W/cm^2}$ 的激光入射到孤立球形小靶上, 靶的直径范围是 520 nm 到 19.3μm, 当靶的直径约 10 μm (与激光的半高全宽相当) 时, 获得最大能量 25 MeV 的质子[61].

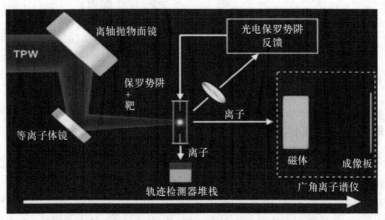

图 4.22　孤立球形小靶实现库仑爆炸加速实验示意图[61]

4.4　级联加速与后加速

4.4.1　级联加速

　　激光加速器具有极高的加速电场梯度, 目前实验上已经证实利用 PW 激光可以在亚 mm 尺度内将质子加速到近 100MeV. 根据质子能量的定标率, 要获得更高的能量, 就依赖于更高功率的激光器. 虽然随着激光技术的发展和实验需求的增加, 更高功率的超强激光装置正在建造, 并将在不远的未来投入应用, 但这也显著增加了激光离子加速器的建造费用.

借鉴常规加速器中的思路, 可以采用级联加速方案. 比如, 采用传统射频加速器与激光加速器进行级联, 以获得质子能量的提升. 但是这样的方案失去了激光加速器布局紧凑、经济有效的优点. 在过去的十多年里, 研究者们提出了不同激光加速机制相结合的多级耦合加速方案. 与单级加速方案相比, 级联加速对激光在各个阶段的能量和强度要求都有所放宽, 可以避免高强度激光对光学材料带来的损伤和破坏. 同时, 在各个级联加速阶段, 可以选用不同的等离子体和激光组合, 具有更好的灵活性和可控性.

2010 年, Pftenhauer[63] 提出了一种早期的级联加速方案: 双级激光加速方案. 如图 4.23 所示的多级加速方案中, 第一束激光与第一层靶 (T1) 相互作用, 利用

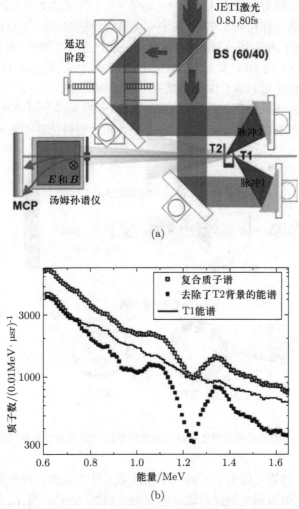

图 4.23　多级 TNSA 加速方案.[63] (a) 实验示意图; (b) 质子能谱分布

TNSA 加速方法产生 MeV 质子束; 当质子向前传播到第二层靶 (T2) 时, 第二束激光与第二层靶相互作用, 在靶后建立鞘层电场, 对初级质子束施加特征光谱调制. 在第二层靶中, 只有部分的质子会受到影响: 靶后的质子会进一步得到加速, 而靶前的质子会被库仑势垒减速. 通过改变两束激光的延迟时间, 可以对加速的离子能谱分布进行操控. 尽管如此, 实验中由于两层固体靶距离较近, 两束激光时序难以优化和控制, 导致鞘层电场较弱, 没有看到明显的质子能量提升.

此外还有一些应用到微结构的级联加速方案. 2006 年 Toncian[64] 等人提出了一种利用微米管结构来对质子束进行聚焦和能量选择的方案. 皮秒激光脉冲作用于中空的微筒会产生瞬态的径向电场, 该电场可以被用来进行聚焦. 如图 4.24 所示, 第二束激光 (CPA$_2$) 打在金属筒壁上, 使内壁产生热电子并向内膨胀, 从而产生向内的空间电荷场, 能对质子束进行聚焦. 2017 年, 上海交通大学盛政明[65] 等人在模拟中发现, 超强激光作用在 1.6 μm 的中空金属管外壁时, 除了径向电场外, 还会产生 TV/m 量级的轴向电场, 该电场能够对质子进行进一步加速. 该方案最终将注入质子的最高能量由 10 MeV 提升到 17 MeV, 能散由 10% 降低到 4.9%. 增大微米管长度, 质子的截止能量和准直性还可能进一步提高. 一般来说, 激光总能量越大, 激光器的成本越高. 多级级联加速需要将激光能量分配至多个驱动光束, 要求较大的激光总能量, 若不能提升离子能量增益, 从成本角度看可能还不如单级加速.

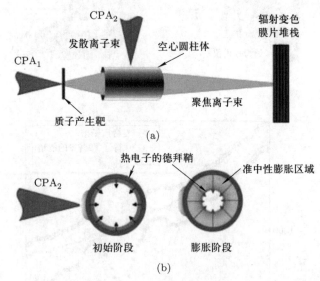

图 4.24 微米管级联加速. (a) 微米管示意图; (b) 电荷分离场的形成[68]

2019 年, 乔宾等人提出了一种利用超强激光脉冲驱动实现全光学离子级联加速的方案[67], 其中不同的加速阶段是独立的. 如图 4.25(a) 所示, 第一阶段, PW、

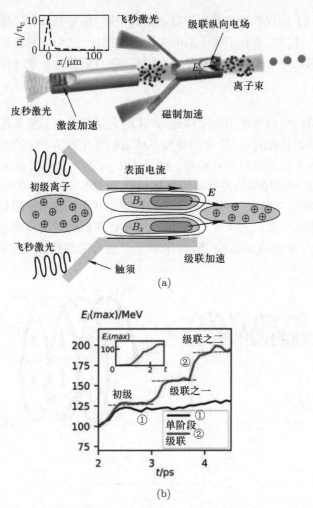

图 4.25　全光学离子加速级联方案. (a) 微米管对质子进行级联加速; (b) 质子截止能量演变过程[66]

皮秒激光[①]与第一段微米管作用, 在管内形成临界密度等离子体, 可以产生准单能, 高度准直的质子束; 第二阶段, 两束 TW、飞秒激光作用在第二个管状结构两翼, 沿着管壁驱动表面电流, 产生电磁场脉冲对质子进行级联加速. 图 4.25 的模拟结果表示, 初级加速质子截止能量为 123 MeV, 一次级联后提高到 151 MeV, 两次级联后提高到 181 MeV, 每一级能量增益大概在 30 MeV 左右, 加速梯度 0.3 TV/m, 总的能量转化效率为 2.1%. 这种加速机制可以产生高通量和能谱发散度很小的离子束.

①本书叙述一般多称 "皮秒" "飞秒" 激光, 而从功率上则多称 "PW" "TW" 激光, 这是出于符合这一应用领域中的习惯表示法.

采用能量达到 kJ 的皮秒激光产生的高通量离子束, 能够部分补偿级联加速过程中不可避免的粒子损失, 有利于质子束的多次级联加速. 这个方案提出了值得借鉴的级联思路, 考虑到对激光器的能量要求比较高, 在目前条件下难以开展实验.

4.4.2   后加速

TNSA 机制中, 由于离子速度较低, 产生的大量高能电子能量难以有效转移给离子, 绝大多数都从靶背逃逸, 进而导致飞秒超强激光到质子束的能量转换效率通常小于 1%. 为了提高能量转化效率, 如图 4.26(a) 所示的螺旋慢波后加速机制被提出[67]. 这一机制利用螺旋慢波结构收集和导引打靶产生的电磁脉冲(EMP), 将速度为光速的电磁脉冲慢化, 使其与质子束同步运动从而实现离子和电磁波的速度匹配, 这个原理类似于北京大学在上个世纪 80 年代研制的螺旋波导加速器[70]. 电磁脉冲的电场分布如图 4.26(b)(c)所示, 若质子处在合适的相位, 则可以获得后加速和聚焦效果.

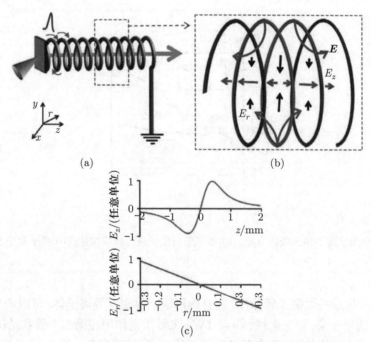

图 4.26 后加速. (a) 实验设置; (b) 电场空间分布; (c) 纵向电场和横向电场分布[67]

Kar 等人在 2016 年利用螺旋慢波后加速, 获得了约 7MeV 的能量增益[67]. 实验 RCF 结果如图 4.27 所示. 图 4.27(a) 未加螺旋慢波结构, 在脉冲宽度 30fs、光强 10^{20}W/cm^2 的激光轰击下, 金属靶可以产生截止 7.5MeV 的质子束. 在使用螺旋慢波结构后, 如图 4.27(b) 所示, 截止能量提升到 14MeV, 且有效地减小了质子束散角, 图中虚线所示圆圈为螺线管的尺寸. 实验中使用 200 TW 的激光器, 后加速段的加速梯度达到了 0.5 GV/m. 理论上, 还可以通过多束激光激发的电磁场脉冲对粒子进行多次级联加速, 进一步实现对 MeV 离子束的操控和优化.

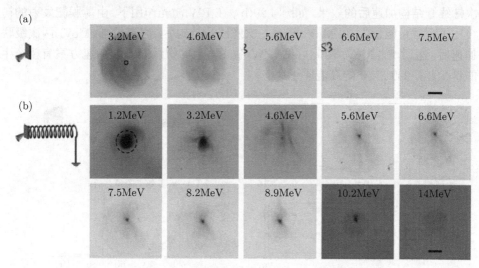

图 4.27 螺旋慢波结构后加速 RCF 数据[67]

2020 年, Kar 等人在 VULCAN 激光器上利用螺旋慢波后加速结构, 将截止能量为 35MeV 的质子束提升到 48.9MeV[68]. 他们还发现, 适当增加螺线管的长度, 能量增益也会相应提高, 如图 4.28 所示.

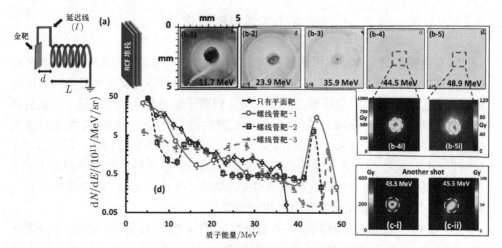

图 4.28 高功率激光器螺线管后加速实验结果[68]

在螺旋慢波结构中, 质子能量和速度不断获得提升, 但是电磁脉冲的波速 v_p 始终保持不变. 这将导致质子速度与波速不匹配, 使得能量增益进入瓶颈. 解决方案是通过改变螺距使波速 v_p 与质子速度一致提升, 从而增加了后加速有效距离, 使增益能够进一步提升, 如图 4.29(a) 中实线所示. 此外, 他们还模拟了质子束经过两次螺线管结构加速后的效果. 如图 4.29(b), 在 PW 激光作用下, 由薄膜靶发射的初级质子束截止能量为 40 MeV, 经过一次螺线管结构后, 达到了 70 MeV. 两次级联加速后, 达到 100 MeV. 由此可见, PW 激光器上的螺线管级联加速方案有望产生能量 $100 \sim 200$ MeV 的高能质子束.

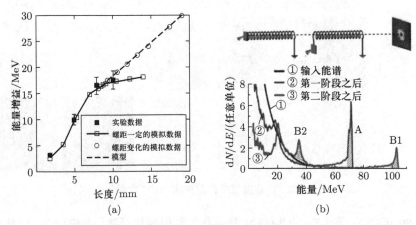

图 4.29　(a) 能量增益随螺线管长度变化关系[68]; (b) 螺线管级联加速实验设计及模拟结果[67]

4.5　加速机制讨论

本章介绍了激光驱动离子加速机制的理论模型与实验研究. 总的来看, 在所有离子加速方案中, 靶背鞘场加速 (TNSA) 是目前实验室最容易实现也最普遍采用的机制. 然而, 该机制具有离子能量不高、激光到离子能量转换效率较低、束流发散角较大等缺点, 限制了其实际应用范围. 与此同时, 对其他加速机制 (如靶破烧蚀加速 (BOA)、激波加速 (CSA)、库仑爆炸 (CE) 加速等) 的研究也得到广泛展开. 相对而言, 光压加速 (RPA) 无论是在离子品质方面还是激光转换效率方面都无疑是最有潜力的加速机制. 但是, 这种机制对激光脉冲条件如对比度、时空波形等有很高的要求, 因此目前成功的实验结果相对较少.

激光与等离子体相互作用是一个复杂的过程, 依赖于相当多的参数. 不同激光归一化强度 a_0 及不同靶厚度条件对应的物理过程展示如图 4.30. 图中各个机制之间的界限并不严格. 这是因为, 真实的实验中, 虽然不同的加速阶段往往对应着不同的加速机制, 但是各加速阶段之间也是连续过渡的, 并且在一个加速阶段中也可能有多个加速机制共同在起作用. 实验中, 仅用一个模型往往难以解释所有现象, 通常需要用两个或以上的模型来解释离子能谱的不同部分以及不同离子的性质. 例如, 对靶背观测到的离子有可能来自靶前或靶背, 而能量高的部分主要来自于靶背. 因此, 在分析模拟结果或者实验结果时, 对加速阶段中发生的加速机制的判断要十分谨慎. 除了参考离子能量, 还要结合其他探测结果 —— 如电子能谱, 激光的吸收率、反射率或透射率等.

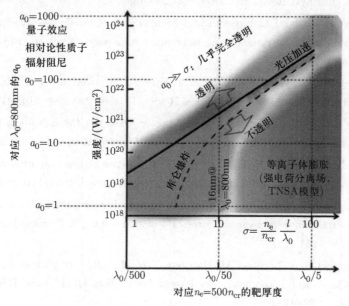

图 4.30   离子加速机制与实验条件关系图, n_{cr} 为临界密度[69]

参 考 文 献

[1]   Wilks S C, Langdon A B, Cowan T E, et al. Energetic proton generation in ultra-intense laser-solid interactions [J]. Physics of Plasmas, 2001, 8: 542-549.

[2]   Hatchett S P, Brown C G, Cowan T E, et al. Electron, photon, and ion beams from the relativistic interaction of petawatt laser pulses with solid targets [J]. Physics of Plasmas, 2000, 7: 2076-2082.

[3]   Pukhov A. Three-dimensional simulations of ion acceleration from a foil irradiated by a short-pulse laser [J]. Physical Review Letters, 2001, 86: 3562-3565.

[4]   Mora P. Plasma expansion into a vacuum [J]. Physical Review Letters, 2003, 90: 185002.

[5]   Mora P. Thin-foil expansion into a vacuum [J]. Physical Review E, 2005, 72: 056401.

[6]　Passoni M, Lontano M. Theory of light-ion acceleration driven by a strong charge separation [J]. Physical Review Letters, 2008, 101: 115001.

[7]　Tikhonchuk V T, Andreev A A, Bochkarev S G, Bychenkov V Y. Ion acceleration in short-laser-pulse interaction with solid foils [J]. Plasma Physics and Controlled Fusion, 2005, 47: B869-B877.

[8]　Wilks S C, Kruer W L, Tabak M, Langdon A B. Absorption of ultra-intense laser pulses [J]. Phys. Rev. Lett., 1992, 69: 1383-1386.

[9]　Malka G, Miquel J L. Experimental confirmation of ponderomotive-force electrons produced by an ultrarelativistic laser pulse on a solid target [J]. Physical Review Letters, 1996, 77: 75-78.

[10]　Maksimchuk A, Gu S, Flippo K, et al. Forward ion acceleration in thin films driven by a high-intensity laser [J]. Physical Review Letters, 2000, 84: 4108-4111.

[11]　Clark E L. Measurements of energetic proton transport through magnetized plasma from intense laser interactions with solids [J]. Physical Review Letters, 2000, 84: 670.

[12]　Snavely R A, Key M H, Hatchett S P, et al. Intense high-energy proton beams from petawatt-laser irradiation of solids [J]. Physical Review Letters, 2000, 85: 2945-2948.

[13]　Clark E L, Krushelnick K, Zepf M, et al. Energetic heavy-ion and proton generation from ultraintense laser-plasma interactions with solids [J]. Physical Review Letters, 2000, 85: 1654-1657.

[14]　Mackinnon A J, Borghesi M, Hatchett S, et al. Effect of plasma scale length on multi-MeV proton production by intense laser pulses [J]. Physical Review Letters, 2001, 86: 1769-1772.

[15]　Allen M, Patel P K, Mackinnon A, et al. Direct experimental evidence of back-surface ion acceleration from laser-irradiated gold foils [J]. Physical Review Letters, 2004, 93: 265004.

[16]　Fuchs J, Sentoku Y, Karsch S, et al. Comparison of laser ion acceleration from the front and rear surfaces of thin foils [J]. Physical Review Letters, 2005, 94: 045004.

[17]　Schwoerer H, Pfotenhauer S, Jackel O, et al. Laser-plasma acceleration of quasi-monoenergetic protons from microstructured targets [J]. Nature, 2006, 439: 445-448.

[18]　Hegelich B M, Albright B, Cobble J, et al. Laser acceleration of quasi-monoenergetic MeV ion beams [J]. Nature, 2006, 439: 441-444.

[19]　Margarone D, Klimo O, Kim I J, et al. Laser-driven proton acceleration enhancement by nanostructured foils [J]. Physical Review Letters, 2012, 109: 234801.

[20]　Margarone D, Kim I J, Psikal J, et al. Laser-driven high-energy proton beam with homogeneous spatial profile from a nanosphere target [J]. Physical Review Special Topics - Accelerators and Beams, 2015, 18: 071304.

[21] Passoni M, Sgattoni A, Prencipe I, et al. Toward high-energy laser-driven ion beams: nanostructured double-layer targets [J]. Physical Review Accelerators and Beams, 2016, 19: 061301.

[22] Wagner F, Deppert O, Brabetz C, et al. Maximum proton energy above 85 MeV from the relativistic interaction of laser pulses with micrometer thick CH2 targets [J]. Physical Review Letters, 2016, 116: 205002.

[23] Esirkepov T, Borghesi M, Bulanov S V, et al. Highly efficient relativistic-ion generation in the laser-piston regime [J]. Physical Review Letters, 2004, 92: 175003.

[24] Qiao B, Zepf M, Borghesi M, Geissler M. Stable GeV ion-beam acceleration from thin foils by circularly polarized laser pulses [J]. Physical Review Letters, 2009, 102: 145002.

[25] Macchi A, Cattani F, Liseykina T V, Cornolti F. Laser acceleration of ion bunches at the front surface of overdense plasmas [J]. Physical Review Letters, 2005, 94: 165003.

[26] Robinson A P L, Zepf M, Kar S, et al. Radiation pressure acceleration of thin foils with circularly polarized laser pulses [J]. New Journal of Physics, 2008, 10: 013021.

[27] Yan X Q, Lin C, Sheng Z M, et al. Generating high-current monoenergetic proton beams by a circularly polarized laser pulse in the phase-stable acceleration regime [J]. Physical Review Letters, 2008, 100: 135003.

[28] Bulanov S V, Esirkepov T Z, Koga J, Tajima T. Interaction of electromagnetic waves with plasma in the radiation-dominated regime [J]. Plasma Physics Reports, 2004, 30: 196-213.

[29] Bulanov S, Esirkepov T, Migliozzi P, et al. Neutrino oscillation studies with laser-driven beam dump facilities [J]. Nuclear Instruments and Methods in Physics Research, Section A, 2005, 540: 25-41.

[30] Klimo O, Psikal J, Limpouch J, Tikhonchuk V T. Monoenergetic ion beams from ultrathin foils irradiated by ultrahigh-contrast circularly polarized laser pulses [J]. Physical Review Special Topics - Accelerators and Beams, 2008, 11: 031301.

[31] Liseykina T V, Borghesi M, Macchi A, Tuveri S. Radiation pressure acceleration by ultraintense laser pulses [J]. Plasma Physics and Controlled Fusion, 2008, 50: 124033.

[32] Pegoraro F, Bulanov S V. Photon bubbles and ion acceleration in a plasma dominated by the radiation pressure of an electromagnetic pulse [J]. Physical Review Letters, 2007, 99: 065002.

[33] Yan X Q, Wu H C, Sheng Z M, et al. Self-organizing GeV, nanocoulomb, collimated proton beam from laser foil interaction at 7×10^{21} W/cm^2 [J]. Physical Review Letters, 2009, 103: 135001.

[34] Chen M, Pukhov A, Yu T P, Sheng Z M. Enhanced collimated GeV monoenergetic

ion acceleration from a shaped foil target irradiated by a circularly polarized laser pulse [J]. Physical Review Letters, 2009, 103: 024801 .

[35] Macchi A, Veghini S, Pegoraro F. "Light sail" acceleration reexamined [J]. Physical Review Letters, 2009, 103: 085003.

[36] Yu T P, Pukhov A, Shvets G, Chen M. Stable laser-driven proton beam acceleration from a two-ion-species ultrathin foil [J]. Physical Review Letters, 2010, 105: 065002.

[37] Henig A, Steinke S, Schnurer M, et al. Radiation-pressure acceleration of ion beams driven by circularly polarized laser pulses [J]. Physical Review Letters, 2009, 103: 245003.

[38] Steinke S, Henig A, Schnurer M, et al. Efficient ion acceleration by collective laser-driven electron dynamics with ultra-thin foil targets [J]. Laser and Particle Beams, 2010, 28: 215-221.

[39] Henig A, Kiefer D, Markey K, et al. Enhanced laser-driven ion acceleration in the relativistic transparency regime [J]. Physical Review Letters, 2009, 103: 045002.

[40] Kar S, Kakolee K F, Qiao B, et al. Ion acceleration in multispecies targets driven by intense laser radiation pressure [J]. Physical Review Letters, 2012, 109: 185006.

[41] Steinke S, Hilz P, Schnurer M, et al. Stable laser-ion acceleration in the light sail regime [J]. Physical Review Special Topics - Accelerators and Beams, 2013, 16: 011303.

[42] Wang H Y, Lin C, Sheng Z M, et al. Laser shaping of a relativistic intense, short gaussian pulse by a plasma lens [J]. Physical Review Letters, 2011, 107: 265002.

[43] Bin J H, Ma W J, Wang H Y, et al. Ion acceleration using relativistic pulse shaping in near-critical-density plasmas [J]. Physical Review Letters, 2015, 115: 064801.

[44] Ma W J, Kim I J, Yu J Q, et al. Laser acceleration of highly energetic carbon ions using a double-layer target composed of slightly underdense plasma and ultrathin foil [J]. Physical Review Letters, 2019, 122: 014803.

[45] Kim I J, Pae K H, Choi I W, et al. Radiation pressure acceleration of protons to 93 MeV with circularly polarized petawatt laser pulses [J]. Physics of Plasmas, 2016, 23: 070701.

[46] Higginson A, Gray R J, King M, et al. Near-100 MeV protons via a laser-driven transparency-enhanced hybrid acceleration scheme [J]. Nature Communications, 2018, 9: 724.

[47] Silva L O, Marti M, Davies J R, et al. Proton shock acceleration in laser-plasma interactions [J]. Physical Review Letters, 2004, 92: 015002.

[48] Ji L L, Shen B F, Zhang X M, et al. Generating monoenergetic heavy-ion bunches with laser-induced electrostatic shocks [J]. Physical Review Letters, 2008, 101: 164802.

[49] Fiúza F, Stockem A, Boella E, et al. Laser-driven shock acceleration of monoenergetic ion beams [J]. Physical Review Letters, 2012, 109: 215001.

[50] Schlegel T, Naumova N, Tikhonchuk V T, et al. Relativistic laser piston model: ponderomotive ion acceleration in dense plasmas using ultraintense laser pulses [J]. Physics of Plasmas, 2009, 16: 083103.

[51] Forslund D W, Shonk C R. Formation and structure of electrostatic collisionless shocks [J]. Physical Review Letters, 1970, 25: 1699.

[52] Haberberger D, Tochitsky S, Fiuza F, et al. Collisionless shocks in laser-produced plasma generate monoenergetic high-energy proton beams [J]. Nature Physics, 2012, 8: 95-99.

[53] Zhang H, Shen B F, Wang W P, et al. Collisionless shocks driven by 800 nm laser pulses generate high-energy carbon ions [J]. Physics of Plasmas, 2015, 22: 013113 .

[54] Yin L, Albright B J, Hegelich B M, et al. Monoenergetic and GeV ion acceleration from the laser breakout afterburner using ultrathin targets [J]. Physics of Plasmas, 2007, 14: 056706.

[55] Yin L, Albright B J, Bowers K J, et al. Three-dimensional dynamics of breakout afterburner ion acceleration using high-contrast short-pulse laser and nanoscale targets [J]. Physical Review Letters, 2011, 107: 045003.

[56] Hegelich B M, Pomerantz I, Yin L, et al. Laser-driven ion acceleration from relativistically transparent nanotargets [J]. New Journal of Physics, 2013, 15: 085015..

[57] Wagner F, Bedacht S, Bagnoud V, et al. Simultaneous observation of angularly separated laser-driven proton beams accelerated via two different mechanisms [J]. Physics of Plasmas, 2015, 22: 063110.

[58] Ditmire T, Tisch J W G, Springate E, et al. High-energy ions produced in explosions of superheated atomic clusters [J]. Nature, 1997, 386: 54-56.

[59] Nishihara K, Amitani H, Murakami M, et al. High energy ions generated by laser driven Coulomb explosion of cluster [J]. Nuclear Instruments and Methods in Physics Research, Section A, 2001, 464: 98-102.

[60] Fourkal E, Velchev I, Ma C-M. Coulomb explosion effect and the maximum energy of protons accelerated by high-power lasers [J]. Physical Review E, 2005, 71: 036412.

[61] Ostermayr T M, Haffa D, Hilz P, et al. Proton acceleration by irradiation of isolated spheres with an intense laser pulse [J]. Physical Review E, 2016, 94: 033208.

[62] Sokollik T, Paasch-Colberg T, Gorling K, et al. Laser-driven ion acceleration using isolated mass-limited spheres [J]. New Journal of Physics, 2010, 12: 113013.

[63] Pfotenhauer S M, Jackel O, Polz J, et al. A cascaded laser acceleration scheme for the generation of spectrally controlled proton beams [J]. New Journal of Physics, 2010, 12: 103009.

[64] Toncian T, Borghesi M, Fuchs J, et al. Ultrafast laser-driven microlens to focus and energy-select mega-electron volt protons [J]. Science, 2006, 312: 410-413.

[65] Wang H C, Weng S M, Murakami M, et al. Cascaded acceleration of proton beams in ultrashort laser-irradiated microtubes [J]. Physics of Plasmas, 2017, 24: 093117.

[66] He H, Qiao B, Shen X F, et al. All-optical cascaded ion acceleration in segmented tubes driven by multiple independent laser pulses [J]. Plasma Physics and Controlled Fusion, 2019, 61: 115005.

[67] Kar S, Ahmed H, Prasad R, et al. Guided post-acceleration of laser-driven ions by a miniature modular structure [J]. Nature Communications, 2016, 7: 1-7.

[68] Ahmed H, Hadjisolomou P, Naughton K, et al. High energy implementation of coil-target scheme for guided re-acceleration of laser-driven protons [J]. Scientific Reports, 2021,11: 699.

[69] Daido H, Nishiuchi M, Pirozhkov A S. Review of laser-driven ion sources and their applications [J]. Reports on Progress in Physics, 2012, 75: 056401.

[70] 陈佳洱. 加速器物理基础[M]. 北京：北京大学出版社, 2012.

第 5 章　光压加速的关键问题

从第 4 章可以知道, 光压加速 (RPA) 是一种十分具有潜力的激光离子加速机制, 其加速的离子束流单能性好, 能量转换效率高. 在一维情况下, 超薄靶作为一个整体的 "等离子体飞镜" 被光压持续推动, 使得离子能够随之一起长时间持续加速. 且 "等离子体飞镜" 的速度越快, 能量转换效率越大, 理论上可以接近 100%. 尽管如此, 该机制也对加速条件提出了严格的要求. 本章将具体介绍目前光压加速亟待解决的几个关键问题, 然后介绍一些通过理论和数值模拟而提出潜在的优化解决方案.

5.1　超高激光对比度的实现

理想的激光是一个完美的高斯脉冲, 没有任何的噪声, 但实际所使用的高功率激光器远远达不到这种状态. 在目前激光驱动离子加速的实验中, 人们大多都是利用啁啾脉冲放大技术产生超强激光脉冲, 由于现有技术的限制, 在主脉冲达到之前, 还有一系列不同强度的预脉冲无法被完全消除. 典型的激光脉冲时域分布如图 5.1 所示. 飞秒主脉冲之前的激光可以统称为脉冲前沿或预脉冲. 按产生机制, 从前到后依次可分为: (1) 复制脉冲 (replica): 位于主脉冲前几 ns 到十几 ns, 是相干的 fs

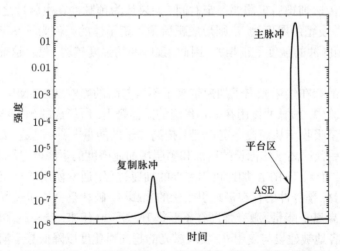

图 5.1　预脉冲示意图: 在激光主脉冲之前, 以时间顺序依次存在有复制脉冲 (replica), 自发放大辐射 (ASE) 以及平台区 (pedestal), 对应的持续时间分别为 fs, ns 和 ps 量级, 强度由激光器的具体参数而定.

尺度的短脉冲. 有文献也把该部分称为狭义的 "预脉冲". 这类预脉冲是再生放大器在选单过程中, 由于晶体表面等的菲涅耳反射, 或者分光结构消光比有限, 或者泡克耳斯 (Pockels) 盒对高压电脉冲的响应不够快等而导致的主脉冲的部分损失. 此脉冲产生后, 经再生腔输出, 并在后面的主放大器中得到进一步的放大, 最后经过压缩器而成为脉宽与主激光基本相同的脉冲. (2) 自发放大辐射 (Amplified Spontaneous Emission, ASE): 位于主脉冲之前几个 ns 的位置, 脉冲持续时间为 ns 量级, 是非相干光. ASE 主要来源于预放大器和主放大器晶体内的自发辐射. 由于钛宝石晶体的增益较高, 增益介质中产生的自发辐射也会在放大链中得到放大, 从而形成放大的自发辐射. (3) 平台区 (pedestal): 一般指位于主脉冲前 100ps 内的区域, 主要来源于光在振荡器内复杂的动力学演化而形成的光谱分布在后续传播中的剪切和调制, 表现在主脉冲前沿指数上升的延续约 10ps 的一个基底. 需要说明的是, 图 5.1 中默认为主脉冲已接近傅里叶变换极限, 所以没有展示因色散补偿不充分带来的 fs 段预脉冲情况.

在实际情况中, 预脉冲在主脉冲达到靶之前就开始和靶作用, 将靶电离形成预等离子体, 并导致靶的膨胀. 由预脉冲导致的靶膨胀可以分为两种, 靶前膨胀和靶后膨胀, 它们分别在靶前和靶后形成密度随长度指数下降的预等离子体. 靶前预等离子体是由预脉冲与靶前表面相互作用加热电子产生的, 膨胀速度为离子声速: $c_s = \sqrt{Zk_BT/M}$, 其中 k_BT 为电子温度, Z, M 是离子的电量和质量. 假设预等离子体被加热到温度 $k_BT = 1\text{keV}, Z = 1, M = 1836$, 可以估算 $c_s = 3 \times 10^2 \mu\text{m/ns}$. 靶后膨胀的成因是激光在靶前产生的激波传播到靶后并导致等离子体扩张. 激波的速度 v_s 在通常的激光和固体靶参数下, 一般是 $\mu\text{m/ns}$ 量级. 因为靶本身有一定厚度, 所以该激波传递到靶后也需要一定时间. 如果认为预脉冲在主脉冲之前 τ 个激光周期到达, 并设靶的厚度为 d, 则形成靶后预等离子体的条件为 $\tau > d/v_s$. 激波的速度 v_s 与预脉冲的强度呈正相关, 因此, 预脉冲的强度越弱, 靶后越难以形成预等离子体.

预脉冲的存在给激光离子加速带来了不可忽略的影响. 在 TNSA 的加速机制占主导的实验中, 预脉冲作用在 μm 量级的固体靶上, 所形成的预等离子体会增大主脉冲的能量吸收率从而在一定程度上提高离子的能量[1-3]. 但是, 太强的预脉冲也会造成靶后预等离子体标长的增加和鞘层场加速梯度的下降[4], 反而不利于离子能量的提升. 而对于 RPA 加速机制主导的加速过程, 通常使用的是超薄的 nm 量级厚度的靶材, 预脉冲的存在极易引起靶的预膨胀, 破坏整个加速过程[3,5-7].

为了提高离子能量, 激光强度在不断提升. 近 20 年来, 越来越多的 PW 级激光器在世界各地被建设与使用[8]. 实现激光的超高对比度以降低甚至消除预脉冲对离子加速的负面影响迫在眉睫. 已有许多技术被用来提升激光的时域对比度, 包括光参量 CPA (OPCPA) 和交叉偏振 (XPW), 泡克耳斯盒, 饱和吸收体, 优化增益晶体的泵浦以及光栅等等[9-11]. 这些技术主要优化激光器内仍处于较低功率的脉冲. 通过优化激光器, 飞秒激光在纳秒尺度的对比度可以达到 10^{11}[11]. 对于 PW 激光, 这一对比度仍显不足. 近 20 年的研究表明, 等离子体镜技术是一种提高激光对比度的有效方法. 国际上众多实验室采用这种方法取得了显著的效果. 等离子体镜的具体原理将在第 8 章介绍.

目前激光驱动纳米靶离子加速取得了很多不错的实验结果, 这些实验大都采用了等离子体镜技术. 2006 年, Neely 等人引入单等离子体镜, 在伦敦激光中心 (LLC) 利用波长 800nm、脉宽 33fs、能量 0.3J、强度 10^{19} W/cm^2 的 p 偏振激光与 100nm 铝靶作用获得截止能量为 4MeV 的质子[12]. 2007 年, 法国 LULI 实验室的 Antici 等人研究了等离子体镜在质子加速中的作用, 采用靶前双等离子体镜显著提升激光对比度后, 他们用超薄 SiN 靶实现了 7.3 MeV 的质子束输出[13]. 2009 年, Henig 等人基于双等离子体镜, 在美国洛斯阿拉莫斯国家实验室利用波长 1053nm、脉宽 700fs、能量 40J、强度 7×10^{19} W/cm^2 的 p 偏振激光与 30nm 类金刚石 (DLC) 薄膜靶相互作用获得截止能量为 35MeV 的质子[14]. 2016 年, 在韩国 GIST 实验室, Kim 等人采用独立双等离子体镜系统, 利用圆偏振飞秒激光 RPA 加速机制得到截止能量 93 MeV 的质子束[15]. 2018 年英国 Higginson 等人使用靶前单镜, 在亚皮秒激光上通过混合加速机制获得截止能量超过 94 MeV 的质子束[16].

5.2 有限焦斑效应

在光压加速的模型中, 激光光压将超薄靶材中的电子整体推出. 模型建立在加速过程满足准一维条件的基础上. 但在实际的激光加速实验中, 激光经过离轴抛物面镜 (Off-Axis Parabolic mirror, OAP) 聚焦之后, 横向呈中间强四周弱的高斯型分布. 在使用短焦 OAP 的情况下, 激光的焦斑半高全宽 (FWHM) 通常只有几个 μm, 甚至紧聚焦到 $1 \sim 2\mu m$, 远小于靶的横向尺度. 此时准一维近似不再成立. 因此, 当超强激光轰击超薄靶的时候, 靶面容易弯曲, 导致在靶的两翼激光不再是垂直入射, 两翼的电子将因为真空加热等物理机制而被迅速加热. 这被称为有限焦斑效应[17]. 电子温度的不断升高, 导致靶材进一步膨胀, 由于相对论自透明效应[18], 靶的两翼不再反射激光, 而是被激光透过. 通常等离子体密度大于临界密度 n_c, 激光就不会透过. 而当考虑相对论效应时, 激光能够在电子密度小于 γn_c 的等离子体中传播 (γ 是电子的相对论因子), 这相当于提高了激光能透过的等离子体密度阈值. 随着靶面的不断弯曲膨胀, 激光透过后又进一步加热电子, 无规则热运动的电子会严重破坏 RPA 的加速结构, 导致被加速离子的能谱不再具有单能性, 同时离子束发散角也会变大. 2012 年, Dollar 等人将激光强度 2×10^{21}W/cm^2, 焦斑半高全宽为 1.2μm 的圆偏振光和线偏振光分别作用在不同厚度的 SiN 靶材上. 如图 5.2 所示, 在线偏振光情况下, 靶厚的变化对质子截止能量的影响不明显, 质子能谱均呈指数下降. 而在圆偏振光情况下, 当靶厚从 100nm 减少到 30nm, 质子截止能量从 6MeV 提升到 13MeV, 能谱仍为指数下降分布. 电子能谱给出的信息表明, 在靶厚进一步减小时, 大量电子被加热. 结合二维 PIC 数值模拟, 可以看到当靶变薄时, 靶面弯曲导致电子加热, 加速机制依然是 TNSA.

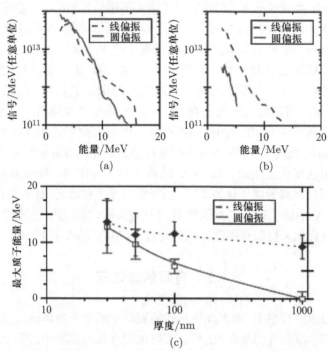

图 5.2　(a)(b) 分别是 30nm 和 100nm 情况下的质子能谱; (c) 靶材厚度与截止能量的关系

为了抑制激光强度横向不均导致的靶弯曲变形, 陈民等人提出了凸起靶加速方案[19]. 如图 5.3 所示, 凸起靶刚好可以补偿高斯激光横向光强分布不均带来的负面影响. 数值模拟显示, 凸起靶能够较好地维持 RPA 质子的单能性, 同时出射的质子束发散角也更小, 有利于质子束的后端收集和利用. 之后也有类似想法的密度调制靶方案[20]被提出. 考虑到目前的制靶技术难以实现这样的结构靶, 且激光刚好正入射到凸起靶的顶点也很困难, 因此目前还缺少实验能验证这种靶的优越性. 除此之外, 也有研究人员提出使用横向分布为厄米超高斯分布的激光来代替高斯激光[21], 以达到抑制有限焦斑效应的目的.

另外, 颜学庆等人通过研究发现, 调整高斯激光与平面靶作用时的各物理参数, 加速过程中发生的横向不稳定性可能实现对离子的中心聚束. 这种方法可以产生自聚焦的 nC 级质子束, 能从理论上解决中心击穿问题. 如图 5.4 所示, 随着加速过

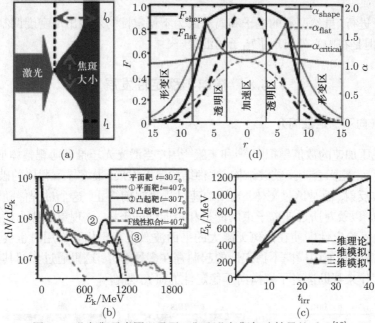

图 5.3　凸起靶示意图以及平面靶和凸起靶加速结果的对比[19]

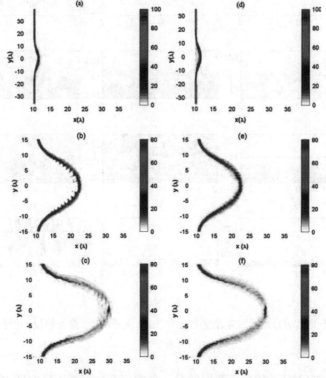

图 5.4　离子聚束. 第一列和第二列分别是电子和质子三个时刻的空间分布[22]

程的不断进行, 虽然两翼的电子和离子因为不稳定性的发展出现密度调制, 继而膨胀散开, 但是在中心处出现了离子的汇聚[22].

5.3　横向不稳定性发展

5.3.1　横向不稳定性简介

在光压加速的数值模拟[21,23]和实验[24]中, 当激光光压推动薄靶整体加速时, 如图 5.5 所示, 靶面会产生纹波结构, 这种结构不断发展, 最终导致靶体的破裂. 激光将不再被反射, 而是透过靶体, 光压加速过程也提前终止. 这个过程伴随着电子被严重加热, 以及对所加速离子束的能量和单能性的破坏. 该现象被称为横向不稳定性. 横向不稳定性即使在焦斑无限大的平面波激光与靶相互作用时也会发生. 目前, 激光离子加速中横向不稳定性的起源存在多种解释, 这里通过介绍其中一些代表性的工作来帮助读者了解横向不稳定性的研究现况.

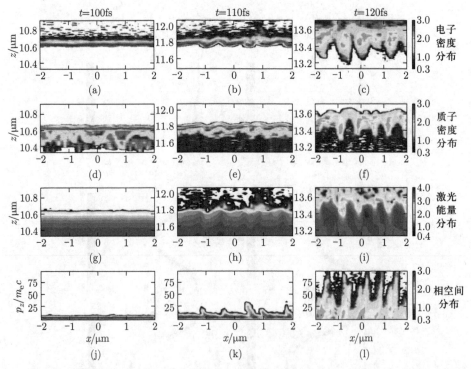

图 5.5　圆偏振光驱动的光压加速过程中电子密度、质子密度、激光能量、电子 x-p_x 相图的演化[25]

目前主流观点认为横向不稳定性是一种类瑞利 – 泰勒不稳定性 (Rayleigh-Taylor

like Instability, RTI 或 RT 不稳定性). 瑞利 – 泰勒不稳定性是流体中一种常见的界面不稳定性, 主要发生在密集的重流体被轻流体加速时, 或者当重流体叠在轻流体上时 —— 如在重力场中密度较高的水处于密度较低的油上. 类似地, 光压加速过程也可以看成是轻的光子流体推动重的等离子体流体加速的过程, 因此也会发生瑞利 – 泰勒不稳定性. 早在 1972 年, Ott[26]就曾研究过由光压推动一个薄层加速时发生的 RT 不稳定性及非线性演化过程. 后来在 2007 年, Pegoraro 等人进一步研究了光压加速中的横向不稳定性的起源问题, 并考虑了相对论效应[27]. 这里主要介绍重要的物理图像和结论, 具体推导可以参考原始文献. Pegoraro 和 Ott 都采用拉格朗日方法描述该体系, 采用准中性假设, 把靶看成是一个无限薄的单流体平面. 如图 5.6(a), 一开始界面是一个完美的平面, 随后激光光压开始作用在单流体上. 当界面有微小的扰动时, 横向上 (垂直于加速方向) 会因为界面的梯度不再为零而产生扰动力, 导致界面进一步变形, 变形的界面又会使得横向的扰动力变大. 在正反馈作用下, 不稳定性不断发展. Ott 还进一步研究了界面进入非线性阶段后的演化. 在非相对论情形下, Pegoraro 和 Ott 都推出 RTI 在线性阶段的增长率为 $\gamma_{RT} = \sqrt{gk}$, 其中 g 为加速度, k 为不稳定性结构的波数. 在超相对论情况下, Pegoraro 等人则指出不稳定性增长率随着激光光压的减小或者离子质量的增加而增大. 这意味着轻离子的不稳定性增长会更慢. 这是因为在给定激光光压的情况下, 轻离子比重离子能更快加速到接近光速, 也就是说, 在实验室参考系中, 时间变慢了. 在非相对论情况下, 不稳定性随着时间的一次方增长, 而在强相对论情形下, 不稳定性随着时间的 1/3 次方增长. 图 5.6(b) 为 Pegoraro 文章中给出的二维 PIC 模拟结果, 从中能够看到清晰的不稳定性结构.

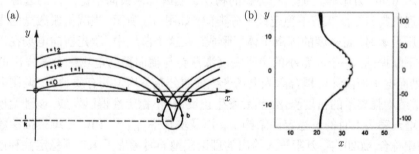

图 5.6 (a) 类瑞利 – 泰勒不稳定性 (RTI) 界面的演化[26], (b) 二维数值模拟: 离子密度[27]

2012 年, Palmer 等人报道了在光压加速实验中观测到 RT 不稳定性的证据[24]. 他们使用 Vulcan PW 激光器 (参数为激光能量 $296 \pm 7J$, 脉冲宽度 $660 \pm 20fs$, 激光对比度 10^{-10}) 分别轰击 5, 20, 30, 50nm 厚的类金刚石薄靶, 得到如图 5.7 所示的结果, 可以看到, 质子密度出现了气泡 (bubble) 形状的调制. 不稳定性调制的波

长 λ_{RT} 在激光波长附近. 而 RTI 增长率 $\gamma_{RT} = \sqrt{gk}$ $(k = 2\pi/\lambda_{RT})$ 意味着波长 λ_{RT} 越小, 增长率越大, 这与实验结果不相符. 文章中推测这可能是由于激光的散射与衍射效应. 因为存在散射和衍射, 激光的光压在变形的界面进一步受到调制, 所以增长率最大的不稳定性模式在激光波长附近. 之后在 2015 年, Sgattoni 等人[28]和 Eliasson[29]先后发表文章, 研究了界面变形带来的激光光压的横向调制对 RTI 增长模式的影响. 在考虑该效应后, 理论模型给出的激光波长附近的不稳定性增长率有所提高.

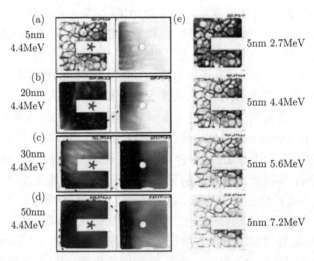

图 5.7   RTI 的实验证据: 质子分布[24]

2016 年, 万阳等人提出一种新的物理机制解释来横向不稳定性的起源[30]. 这种物理机制与振荡双流不稳定性十分类似. 如图 5.8 所示, 当圆偏振激光的光压与静电压平衡时, 高密度的等离子体层形成. 在这个薄层中, 激光横向电场在以激光频率不断振荡, 一个非常小的离子密度涨落会与横向振荡电场耦合激发出电子振荡, 继而电子振荡又会耦合激光电场产生横向分布不均匀的有质动力, 调制电子密度, 继续增强离子的密度涨落, 然后发生正反馈, 不稳定性得以发展. 该理论模型预测的增长率最大时的不稳定性结构 k_m 以及增长率 γ_m 与 PIC 二维模拟参数扫描结果相符合. 2020 年, 万阳等人给出的理论模型同时考虑了 RT 不稳定性和他们所提出的电子离子耦合效应导致的不稳定性[31]. 理论结果显示 RT 不稳定性贡献的增长率要远远小于电子离子耦合效应导致的不稳定性增长率. 因此, 他们认为电子离子耦合效应是横向不稳定性起源的主导机制.

除了上述观点, 还有观点认为横向不稳定性的起源是类韦伯不稳定性[32,33]. 总之, 目前关于横向不稳定性发展的物理机制并没有定论, 还需要理论和实验的进一步探索.

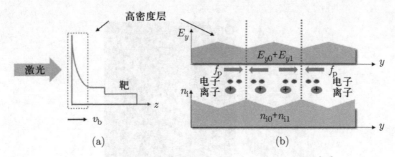

图 5.8 电子和离子耦合激发不稳定性的物理图像[30]

5.3.2 横向不稳定性的抑制

如何抑制横向不稳定性的发展是实现长时间稳定光压加速的关键问题之一. 近些年来, 已经有一些通过数值模拟发现的方案相继提出. 相比于普通的高斯激光与平面薄靶的设置, 这些方案在模拟结果中均不同程度地展现出了对不稳定性的抑制以及对加速效果的提升. 但是, 一方面, 这些方案大多都存在着在目前实验条件下难以实现的问题, 另一方面, 其中一些还因为偏离了光压加速的物理模型而不能算是真正的光压加速. 因此, 目前还没有相关工作能够在现有实验条件下解决光压加速过程横向不稳定性增长这一重要问题.

本节主要介绍上述优化光压加速机制的模拟方案. 这些方案从激光和靶构型的角度大致可以分为两类. 从靶的角度有: 结构靶, 双组分靶, 重离子镀膜等方案; 从激光角度有: 椭圆偏振光, 多脉冲激光, 单周期激光等方案. 下面将逐一进行介绍.

(a) 结构靶

如图 5.9(a) 所示, 陈民等人提出, 在平面靶前表面进行亚波长的结构调整能够有效抑制 RT 不稳定性的发展[34]. 当激光入射到这样的结构靶时, 电子会被横向振荡电场拉出, 形成静电分离场, 这样离子会获得横向速度, 开始横向扩散. 离子的横向扩散运动会使得不稳定性激发的小于结构靶波长的模式被平滑掉, 这样不稳定性就能得到抑制. 该方案的参数扫描如图 5.9(b) 显示, 结构调制波长 $\lambda_m = 0.4\lambda_L$ (λ_L 为激光波长) 时, 获得的离子束的截止能量最高, 同时单能性也最好.

(b) 双组分靶

2010 年, 余同普等人提出, 双组分的碳氢靶可以有效抑制 RT 不稳定性的发展, 实现单能性好的质子加速[35]. 因为碳和氢的荷质比不同, 在加速初期, 轻的质子就会与重的碳离子分离. 如图 5.10(a) 所示, 碳离子层在加速过程中不断膨胀, 同时为质子层提供一个保护, 这样质子层不会因为 RT 不稳定性的发展而产生纹波结构, 防止了激光穿透靶体.

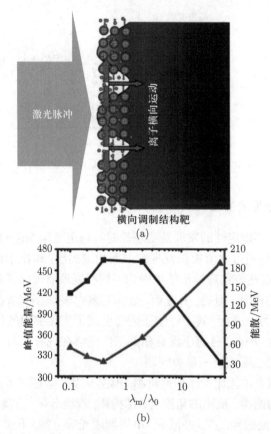

图 5.9　(a) 结构靶抑制不稳定性示意图; (b) 调制波长与加速效果的参数扫描结果[34]

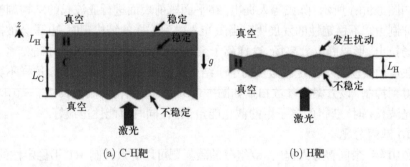

图 5.10　双组分靶 (a) 与单组分靶 (b) 加速效果对比示意图[35]

(c) 动态致稳加速

　　动态致稳加速的方案是通过在超薄靶前表面镀一层高原子序数材料 (比如, 金) 薄膜来实现的[36], 该方案由沈晓飞等人在 2017 年提出. 因为金的原子序数高, 原子一开始不会完全电离, 而是持续电离, 产生电子. 如图 5.11 所示, 镀的薄膜就相当于电子仓库, 不断在光帆加速过程中提供电子. 在没有镀膜的情况下, 不稳定性的发展会导致电子的不断加热, 致使加速结构的破坏: 以 "帆" 来比喻, 就是用来加速的 "帆" 破了. 而镀膜层提供的电子相当于在不断地修补 "帆", 使加速过程能够维持更长时间, 从而实现更好的加速效果. 三维 PIC 模拟结果表明, 在激光强度为 10^{22}W/cm^2 时, 能够获得电荷量大于 20nC, 截止能量达到 3.8GeV 的 Al^{13+} 离子.

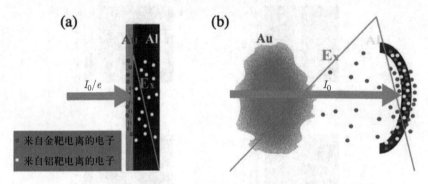

图 5.11　重离子镀膜靶加速示意图. 图中 Ex 表示加速电场.[36]

(d) 椭圆偏振激光

一般认为圆偏振光更有利于光压加速, 因为它的有质动力没有 2ω 的振荡项, 能够抑制电子加热. 然而, 吴栋等人提出, 在椭圆偏振激光驱动加速过程中, 由于椭圆偏振激光存在适度的 $\boldsymbol{J} \times \boldsymbol{B}$ 效应加热电子, 离子能够获得更快的横向扩散速度, 这能够抑制 RT 不稳定性[37]. 离子的横向扩散速度可以由离子声速 $(ZT_\text{e}/m_\text{i})^{1/2}$ 来度量, T_e 是电子温度, Z 是离子的电荷数, m_i 是离子质量. 想要增加离子的横向速度, 就要升高电子温度, 也就是需要减小激光偏振度 $\alpha = a_z/a_y$ ($\alpha = 1$ 为圆偏振光, $\alpha = 0$ 为线偏振光). 另一方面, 偏振度如果太小, 光压加速结构就会被破坏. 所以对于给定的激光强度和等离子体参数, 存在一个最佳的激光偏振度. 偏振度的上限由 $\tau v_\text{d} > \lambda$ 确定, 其中 v_d 是离子声速, τ 为 RTI 增长的特征时间, λ 为不稳定性发展结构的波长. 偏振度下限则需要满足椭圆偏振激光拉出来的电子能够被静电力和激光有质动力拉回致密电子层中. 二维 PIC 模拟进一步证实了椭圆偏振光的优越性. 如图 5.12 所示, 由上至下的三行分别是圆偏振光 ($\alpha = 1$), 椭圆偏振光 ($\alpha = 0.7$), 椭圆偏振光 ($\alpha = 0.3$) 的电子密度和离子密度分布. $\alpha = 0.7$ 处于合适的偏振度范围内, 而 $\alpha = 0.3$ 则过低. 从图中可以看到, 相比于 $\alpha = 1$ 和 $\alpha = 0.3$ 情形, $\alpha = 0.7$ 情形下横向不稳定性更被有效抑制.

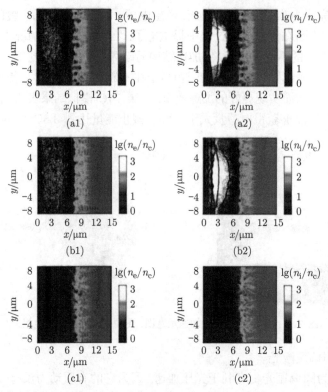

图 5.12　不同偏振度激光抑制不稳定性发展效果对比. 由上至下的三行分别是圆偏振光
（$\alpha = 1$）, 椭圆偏振光 （$\alpha = 0.7$）, 椭圆偏振光 （$\alpha = 0.3$） 的电子密度和离子密度分布.[37]

(e) 多脉冲激光

　　多脉冲空间上的布局为纵向上完全一致而在横向上以某一半径环绕一圈排列, 能够实现光强中间低边沿高的效果. 这种激光光强的分布可由 Mourou 教授设想的未来大功率集成光纤激光器实现[43]. 图 5.13 展示的是多脉冲激光的横向强度分布. 周美林等人提出的多脉冲激光离子加速的方案引入了长波长模式的耦合, 从而抑制了固有的易引起靶快速破裂的短波长模式的增长, 有利于延长离子加速的时间, 获得更高的离子能量[38]. 在传统的 RPA 加速机制中, RTI 的扰动波长与激光波长 λ 在同一量级, 可以将之视为短波长模式的扰动. 短波扰动发展得非常快, 一般在这种扰动下, 大概几十个周期之内被加速的束团就会完全散开. 多脉冲加速机制在激光横向上引入了一个接近 20 个波长的凹陷结构. 相比于激光波长 λ 量级的扰动, 这个结构引起的扰动是一种长波模式的扰动. 理论推导发现, 在短波和长波耦合时短波长模式的增长会被抑制, 同时离子的发散角也会随着时间减小. 图 5.14 中的上下两行分别是多脉冲和单脉冲激光离子加速后期的二维 PIC 模拟结果. 从图中可以看出,在多脉冲激光驱动下,离子能够长时间被加速,并且发散角不断变小,而在单脉冲激光驱动下,离子因为横向不稳定性的发展逐渐散开.

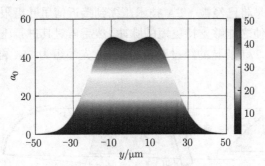

图 5.13 多脉冲激光强度横向分布

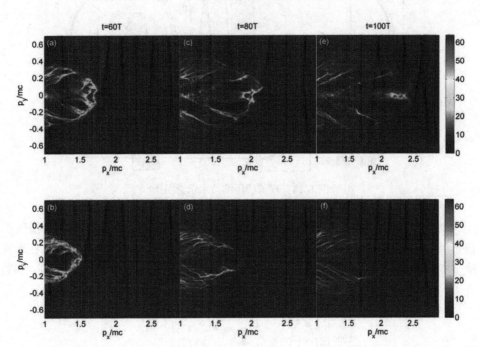

图 5.14 第一行与第二行分别是二维 PIC 模拟多脉冲激光与单脉冲激光离子加速的离子密度演化

(f) 单周期激光

激光技术的发展会不断促进离子加速研究的发展. 2010 年后, Mourou 等人提出了薄膜压缩技术 (Thin Film Compressor, TFC)[39], 这种技术能够将能量为 J 量级、持续时间几十 fs 的激光脉冲压缩到 $1 \sim 2$ fs 量级, 从而获得极高峰值功率的单周期激光. 我们知道, 在激光能量一定的情况下, 压缩脉宽能够有效提高激光的功率和强度. 薄膜压缩技术使激光进入超短脉宽的仄秒 (zs, zeptosecond) 和超高强度的艾瓦 (EW, exawatt) 领域成为可能, 为研究极端物理打开了新的大门. 简单来说, 薄膜压缩技术是将已经被 CPA 技术压缩到接近傅里叶极限的激光用非线性光学效应展宽频谱, 使之能够支持更短的脉冲, 然后再对其进行压缩. 图 5.15 展示的是脉宽 25fs, 能量 27J 的脉冲经过双薄膜压缩, 先缩短为 5fs, 再最终变为 2fs 的超短脉冲.

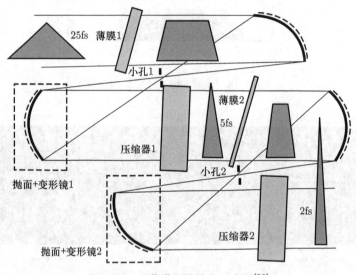

图 5.15　双薄膜压缩技术示意图[39]

周美林等人发现, 利用超强激光光强的单周期激光驱动的质子加速没有横向不稳定性的发展, 且相比于多周期激光脉冲有其他优越性[40]. 如图 5.16 所示, 在激光能量相同的情况下, 单周期激光能够获得的质子截止能量比多周期激光更高. 参数

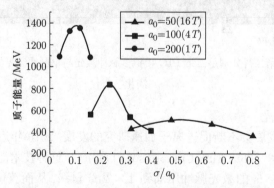

图 5.16　相同激光能量下, 单周期激光与多周期激光离子加速截止能量的对比[40]

扫描发现, 单周期激光质子加速情况下最佳的靶面密度参数与激光强度的关系与多周期激光不同. 传统的多周期激光驱动的 RPA 机制中最佳靶面密度满足 $\sigma_{\mathrm{op}} \sim a_0$, 而单周期激光下, $\sigma_{\mathrm{op}} \sim 0.12a_0$, 也就是说激光光压要远远大于靶能够提供的最大的静电压. 所以, 单周期激光离子加速机制本质上与 RPA 机制不同. 如图 5.17 所示, 当单周期激光轰击超薄靶时, 因为激光光压远远大于静电压, 电子被整体推出, 从而形成静电分离场, 之后质子在形成的静电分离场中被加速获得能量. 因为没有横向不稳定性发展, 这样的加速结构能够保持很长时间, 所以质子的截止能量很高. 之后, 有利用少周期激光驱动的电容器加速机制被提出[41]. 电子被整体推出形成静电分离场, 可描述为电容器的充电过程. 而质子在静电场中加速, 可以理解为电容器的放电过程.

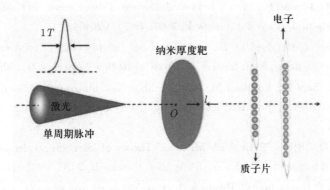

图 5.17 单周期激光加速机制示意图[40]

对比上述两种加速方法, 可以发现, 单周期激光离子加速机制与 RPA 机制本质上是不同的. 在单周期激光加速中, 电子和质子是分离的, 而在 RPA 中, 电子和离子是一个整体, 它们一齐被光压推动整体加速. 另一方面, 从能量传递角度来说, 两种机制的能量转换效率也有差异. 理想的 RPA 加速过程中, 激光能量持续传递给电子和离子组成的 "等离子体飞镜", 且因为离子的质量远远大于电子, 这些能量主要传递到了离子, 随着 "等离子体飞镜" 的速度越来越大, 激光到离子的能量转换效率也越来越高. 而在单周期激光加速中, 当电子被推出形成静电场时, 激光能量主要以静电能的形式储存起来, 之后离子加速过程可以看成静电能不断转换成离子动能的过程, 总体来看激光能量主要被消耗在推出的电子片中. 因此, 从能量转换效率的角度来说, 单周期加速机制相比于 RPA 机制并不具有优势. 在此基础上, 吴学志等人进一步发现, 在激光能量相同的条件下, 少周期激光 (脉冲大于单周期) 相比于单周期和多周期激光能够获得更高的激光到离子能量转换效率[42].

参 考 文 献

[1] Snavely R A, Key M H, Hatchett S P, et al. Intense high-energy proton beams from petawatt-laser irradiation of solids [J]. Physical Review Letters, 2000, 85(14): 2945-2948.

[2] Mackinnon A J, Sentoku Y, Patel P K, et al. Enhancement of proton acceleration by hot-electron recirculation in thin foils irradiated by ultraintense laser pulses [J]. Physical Review Letters, 2002, 88(21): 215006.

[3] Zepf M, Clark E L, Beg F N, et al. Proton acceleration from high-intensity laser interactions with thin foil targets [J]. Physical Review Letters, 2003, 90(6): 064801.

[4] Lundh O, Lindau F, Persson A, et al. Influence of shock waves on laser-driven proton acceleration [J]. Physical Review E, 2007, 76(2): 026404.

[5] Esirkepov T, Borghesi M, Bulanov S V, et al. Highly efficient relativistic-ion generation in the laser-piston regime [J]. Physical Review Letters, 2004, 92(17): 175003.

[6] Qiao B, Zepf M, Borghesi M, et al. Stable GeV ion-beam acceleration from thin foils by circularly polarized laser pulses [J]. Physical Review Letters, 2009, 102(14): 145002.

[7] Yan X Q, Tajima T, Hegelich M, et al. Theory of laser ion acceleration from a foil target of nanometer thickness [J]. Applied Physics B, 2010, 98(4): 711-721.

[8] Danson C N, Haefner C, Bromage J, et al. Petawatt and exawatt class lasers worldwide [J]. High Power Laser Science and Engineering, 2019, 7: e54.

[9] Kiriyama H, Shimomura T, Sasao H, et al. Temporal contrast enhancement of petawatt-class laser pulses [J]. Opt. Lett., 2012, 37(16): 3363-3365.

[10] Tang Y, Hooker C J, Chekhlov O V, et al. Novel contrast enhancement of Astra-Gemini laser facility [C]. CLEO: 2013. IEEE, 2013: 1-2.

[11] Sung J H, Lee H W, Yoo J Y, et al. 4.2 PW, 20 fs Ti: sapphire laser at 0.1 Hz [J]. Opt. Lett., 2017, 42(11): 2058-2061.

[12] Neely D, Foster P, Robinson A, et al. Enhanced proton beams from ultrathin targets driven by high contrast laser pulses [J]. Appl Phys Lett, 2006, 89(2): 021502.

[13] Antici P, Fuchs J, D'humi è res E, et al. Energetic protons generated by ultrahigh contrast laser pulses interacting with ultrathin targets [J]. Physics of Plasmas, 2007, 14(3): 030701.

[14] Henig A, Kiefer D, Markey K, et al. Enhanced laser-driven ion acceleration in the relativistic transparency Regime [J]. Physical Review Letters, 2009, 103(4): 045002.

[15] Kim I J, Pae K H, Choi I W, et al. Radiation pressure acceleration of protons to 93 MeV with circularly polarized petawatt laser pulses [J]. Physics of Plasmas, 2016,

23(7): 070701.

[16] Higginson A, Gray R J, King M, et al. Near-100 MeV protons via a laser-driven transparency-enhanced hybrid acceleration scheme [J]. Nature Communications, 2018, 9(1): 724.

[17] Dollar F, Zulick C, Thomas A, et al. Finite spot effects on radiation pressure acceleration from intense high-contrast laser interactions with thin targets [J]. Physical Review Letters, 2012, 108(17): 175005.

[18] Vshivkov V A, Naumova N M, Pegoraro F, et al. Nonlinear electrodynamics of the interaction of ultra-intense laser pulses with a thin foil [J]. Physics of Plasmas, 1998, 5(7): 2727-2741.

[19] Chen M, Pukhov A, Yu T, et al. Enhanced collimated GeV monoenergetic ion acceleration from a shaped foil target irradiated by a circularly polarized laser pulse [J]. Physical Review Letters, 2009, 103(2): 024801.

[20] Yu T P, Chen M, Pukhov A. High quality GeV proton beams from a density-modulated foil target [J]. Laser Part Beams, 2009, 27(4): 611-617.

[21] Chen M, Pukhov A, Sheng Z, et al. Laser mode effects on the ion acceleration during circularly polarized laser pulse interaction with foil targets [J]. Physics of Plasmas, 2008, 15(11): 113103.

[22] Yan X Q, Wu H C, Sheng Z M, et al. Self-organizing GeV, nanocoulomb, collimated proton beam from laser foil interaction at 7×10^{21} W/cm^2 [J]. Physical Review Letters, 2009, 103(13): 135001.

[23] Robinson A, Zepf M, Kar S, et al. Radiation pressure acceleration of thin foils with circularly polarized laser pulses [J]. New journal of Physics, 2008, 10(1): 013021.

[24] Palmer C, Schreiber J, Nagel S, et al. Rayleigh-Taylor instability of an ultrathin foil accelerated by the radiation pressure of an intense laser [J]. Physical Review Letters, 2012, 108(22): 225002.

[25] Paradkar B, Krishnagopal S. Electron heating in radiation-pressure-driven proton acceleration with a circularly polarized laser [J]. Physical Review E, 2016, 93(2): 023203.

[26] Ott E. Nonlinear evolution of the Rayleigh-Taylor instability of a thin layer [J]. Physical Review Letters, 1972, 29(21): 1429.

[27] Pegoraro F, Bulanov S V. Photon bubbles and ion acceleration in a plasma dominated by the radiation pressure of an electromagnetic pulse [J]. Physical Review Letters, 2007, 99(6): 065002.

[28] Sgattoni A, Sinigardi S, Fedeli L, et al. Laser-driven Rayleigh-Taylor instability: plasmonic effects and three-dimensional structures [J]. Physical Review E, 2015, 91(1): 013106.

[29]　Eliasson B. Instability of a thin conducting foil accelerated by a finite wavelength intense laser [J]. New Journal of Physics, 2015, 17(3): 033026.

[30]　Wan Y, Pai C-H, Zhang C, et al. Physical mechanism of the transverse instability in radiation pressure ion acceleration [J]. Physical Review Letters, 2016, 117(23): 234801.

[31]　Wan Y, Andriyash I, Lu W, et al. Effects of the transverse instability and wave breaking on the laser-driven thin foil acceleration [J]. Physical Review Letters, 2020, 125(10): 104801.

[32]　Zhang X, Shen B, Ji L, et al. Instabilities in interaction of circularly polarized laser pulse and overdense target [J]. Physics of Plasmas, 2011, 18(7): 073101.

[33]　Yan X, Chen M, Sheng Z, et al. Self-induced magnetic focusing of proton beams by Weibel-like instability in the laser foil-plasma interactions [J]. Physics of Plasmas, 2009, 16(4): 044501.

[34]　Chen M, Kumar N, Pukhov A, et al. Stabilized radiation pressure dominated ion acceleration from surface modulated thin-foil targets [J]. Physics of Plasmas, 2011, 18(7): 073106.

[35]　Yu T-P, Pukhov A, Shvets G, et al. Stable laser-driven proton beam acceleration from a two-ion-species ultrathin foil [J]. Physical Review Letters, 2010, 105(6): 065002.

[36]　Shen X, Qiao B, Zhang H, et al. Achieving stable radiation pressure acceleration of heavy ions via successive electron replenishment from ionization of a high-z material coating [J]. Physical Review Letters, 2017, 118(20): 204802.

[37]　Wu D, Zheng C, Qiao B, et al. Suppression of transverse ablative Rayleigh-Taylor-like instability in the hole-boring radiation pressure acceleration by using elliptically polarized laser pulses [J]. Physical Review E, 2014, 90(2): 023101.

[38]　Zhou M, Liu B, Hu R, et al. Stable radiation pressure acceleration of ions by suppressing transverse Rayleigh-Taylor instability with multiple Gaussian pulses [J]. Physics of Plasmas, 2016, 23(8): 083109.

[39]　Mourou G, Mironov S, Khazanov E, et al. Single cycle thin film compressor opening the door to zeptosecond-exawatt physics [J]. The European Physical Journal Special Topics, 2014, 223(6): 1181-1188.

[40]　Zhou M, Yan X, Mourou G, et al. Proton acceleration by single-cycle laser pulses offers a novel monoenergetic and stable operating regime [J]. Physics of Plasmas, 2016, 23(4): 043112.

[41]　Shen X F, Qiao B, Zhang H, et al. Electrostatic capacitance-type acceleration of ions with an intense few-cycle laser pulse [J]. Appl. Phys. Lett., 2019, 114(14): 144102.

[42]　Wu X Z, Gong Z, Shou Y R, et al. Efficiency enhancement of ion acceleration from

thin target irradiated by multi-PW few-cycle laser pulses[J]. Physics of Plasmas, 2021, 28(2): 023102.

[43]   Mourou G A, Tajima T, Bulanov S V. Optics in the relativistic regime [J]. Rev. Mod. Phys., 2006, 78: 309

第 6 章　钛宝石超短超强激光简介

1960 年, 第一台激光器诞生[1]. 此后, 人们不断研发新的激光技术, 追求更高的激光能量, 以期拓展激光的应用范围和应用场景. 1962 年, 调 Q 技术被提出[2], 它通过调节光学谐振腔的损耗, 实现了光学谐振腔 Q 值跃变, 能够输出激光巨脉冲. 调 Q 技术使得激光脉冲宽度第一次达到了 ns 量级, 相应的激光峰值功率也达到了 MW (10^6 W) 量级. 1964 年, 锁模技术出现[3], 它通过对谐振腔内激光脉冲的周期性调制, 使腔内纵模的相位差恒定, 从而形成等时间间隔的超短脉冲序列. 锁模技术使激光脉冲宽度进一步缩短到 ps 量级, 而相应的峰值功率也提高到了 GW (10^9 W) 量级. 1981 年, 锁模技术被应用在染料激光器中, 实现了 90fs 的超短激光脉冲[4]. 这一重要突破使激光脉冲宽度达到了 fs 量级, 为各种应用提供了可能. 随着 1982 年钛宝石激光技术的出现[5], 1991 年人们用克尔透镜锁模实现了 60fs 的超短激光脉冲[6], 直到如今已经实现亚 10fs 级的商业化产品. 钛宝石激光器具有结构简单、性能稳定、输出波长宽谱可调谐等诸多优点, 以钛宝石激光器为代表的固体激光逐渐成为飞秒激光领域的主流技术. 这种激光器虽然将脉冲宽度成功压缩到了 fs 量级, 但是本身仍存在峰值功率不足的局限; 这是因为一旦峰值功率超过阈值, 激光晶体内部就会由于非线性效应产生永久性损伤. 1985 年, Mourou 等人[7]提出了啁啾脉冲放大 (CPA) 技术, 有效地解决了光学元件损伤的问题, 使激光的输出功率可以达到 TW (10^{12} W) 甚至 PW (10^{15} W) 量级. 本章将介绍基于钛宝石增益介质的超短超强飞秒激光系统.

6.1　钛宝石振荡器

飞秒钛宝石振荡器是一种利用掺钛蓝宝石作为增益介质产生飞秒激光的激光器. 如同普通激光器一样, 飞秒钛宝石振荡器一般也具有: 泵浦源、增益介质、谐振腔三个基本要素. 一种钛宝石振荡器基本结构如图 6.1 所示, 增益介质掺钛蓝宝石 (Ti: Sapphire, 简写为 Ti:S) 以布儒斯特角切割, 位于由等曲率半径凹面反射镜 M2 与 M3(M3 为二向色镜) 构成的对称共焦结构中间; 高反镜 M1 与耦合输出镜 M4 构成谐振腔; 泵浦光经透镜 L1 聚焦到掺钛蓝宝石上; P1, P2 是一对用来调节腔内色散的棱镜对. 与普通激光器不同, 飞秒钛宝石激光器对增益介质的荧光光谱带宽、锁模情况、色散控制等有着特殊要求, 本节将分别对以上三个问题具体讨论.

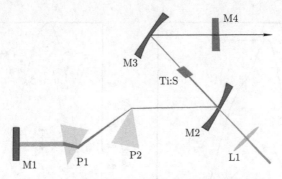

图 6.1 一种飞秒钛宝石振荡器基本结构示意图

6.1.1 钛宝石晶体

钛宝石, 亦即掺钛蓝宝石, 是掺有 Ti^{3+} 离子的 Al_2O_3 单晶, 属六方晶系. 其物化性质有: 稳定性好, 热导率比 YAG 晶体优越三倍, 具有良好的加工性能, 是一种优秀的激光介质材料, 代表性参数见表 6.1.

表 6.1　钛宝石晶体物化参数表[8]

分子式	晶体结构	晶格常数	密度	熔点	莫氏硬度	热导率	比热
Ti^{3+}:Al_2O_3	六方晶系	a=4.758Å* c=12.99Å	3.98 g/cm^3	2040°C	9	52 W/(m·K)	0.42 J/(g·K)
荧光寿命	调谐范围	吸收范围	发射峰	吸收峰	折射率	模截面峰值	热膨胀系数
3.2 µs (T=300K)	660~1050 nm	400~600 nm	795 nm	488 nm	1.76 (对于 800 nm)	$(3\sim4)\times$ 10^{-19}cm^2	$8.40\times$ 10^{-6}/°C

* 1 Å = 10^{-10} m.

钛宝石晶体的吸收光谱和荧光光谱如图 6.2 所示. 其中, 图 6.2(a) 所示的吸收光谱峰值位于约 490nm, 光谱的范围在 400 ~ 650nm 之间. 如此宽的谱带允许多种激光器 (例如倍频 YAG 激光器、半导体激光器等) 进行泵浦. 图 6.2(b) 所示荧光光谱的中心波长在 790nm 左右, 光谱范围在 600 ~ 1200nm 之间. 综合考虑荧光强度与增益系数的关系, 可得增益峰值在 790 ~ 800nm 附近, 谱带半高全宽大于 200nm 的增益曲线. 理论上, 在傅里叶变换极限下, 以上结果支持产生小于 3 fs 的激光脉冲. 此外, 由图 6.2 还可以看出, 不论吸收光谱和荧光光谱均具有偏振选择性, π 偏振既有利于泵浦激光转运又有利于最佳激光输出, 因此一般利用 π 偏振作为工作状态.

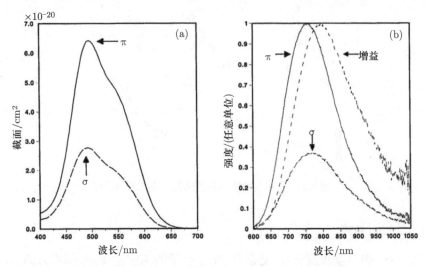

图 6.2　掺钛蓝宝石晶体的吸收光谱 (a) 和荧光光谱 (b)

6.1.2　超短脉冲技术

自由运转情况下的激光器通常是多纵模起振, 且各个纵模之间相互独立, 其相位、振幅都是不规则分布. 锁模技术能将各个纵模相互关联, 使其相位相同, 是实现多纵模相干叠加以获得短脉宽的重要技术, 原理如图 6.3 所示.

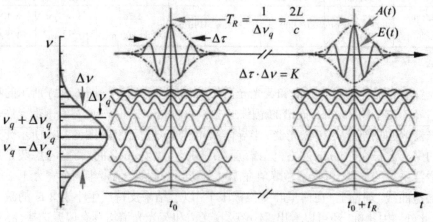

图 6.3　锁模产生超短脉冲示意图[10]

设激光器有 $2N+1$ 个纵模振荡, 对于多纵模激光器, 每个纵模的电场强度为[11]

$$E_q(z,t) = E_q \mathrm{e}^{\mathrm{i}\left[\omega_q\left(t-\frac{z}{v}\right)+\varphi_q\right]}. \tag{6.1.1}$$

未锁模情况下, 其输出的光波电场 $E(t)$ 为 $2N+1$ 个纵模的电场之和:

$$E(t) = \sum_{q=-N}^{N} E_q \cos(\omega_q t + \varphi_q), \tag{6.1.2}$$

式中, ω_q 为第 q 个纵模的角频率, φ_q 为第 q 个纵模的初相位, E_q 为第 q 个纵模的振幅. 由于各纵模的非相干叠加, 输出光强呈现出随机的无规则起伏, 平均光强 $\bar{I}$ 是各纵模光强之和. 若纵模的振幅相等, 均为 E_0, 则 $I \propto (2N+1)E_0^2$.

如果采取一定的方法, 使各振荡模式的频率间隔一定, 并具有确定的相位关系, 则激光器输出脉宽极窄、峰值功率很高的激光脉冲. 假定各纵模频率间隔相等且相位锁定, 即

$$\omega_q = \omega_0 + q\Omega, \tag{6.1.3}$$

$$\varphi_q = \varphi_0 + q\eta, \tag{6.1.4}$$

这里 Ω 为相邻纵模角频率之差: $\Omega = \dfrac{\pi c}{L'}$, L' 为腔长; η 为常数.

在 $z=0$ 处, 第 q 个纵模的光波电场

$$E_q(t) = E_q \mathrm{e}^{\mathrm{i}[(\omega_0+q\Omega)t+\varphi_0+q\eta]}. \tag{6.1.5}$$

锁模情况下, 输出的光波电场为 $2N+1$ 个纵模相干叠加, 假设各纵模电场为 E_0, 则总光波电场

$$E(t) = E_0 \mathrm{e}^{\mathrm{i}(\omega_0 t+\varphi_0)} \sum_{q=-N}^{N} \mathrm{e}^{\mathrm{i}q(\Omega t+\eta)} = A(t)\mathrm{e}^{\mathrm{i}(\omega_0 t+\varphi_0)}, \tag{6.1.6}$$

其中, $A(t) = E_0 \dfrac{\sin\frac{1}{2}(2N+1)(\Omega t+\eta)}{\sin\frac{1}{2}(\Omega t+\eta)}$ 表示随时间变化的电场振幅.

因此, 激光器经锁模后, 最大光强 $I_{\max} \propto (2N+1)^2 E_0^2$, 周期 $T_0 = \dfrac{2\pi}{\Omega} = \dfrac{2L'}{c}$, 锁模脉冲宽度 τ 可近似认为是脉冲峰值与第一个光强为零的谷值间的时间间隔, $\tau = \dfrac{2\pi}{(2N+1)\Omega} = \dfrac{1}{2N+1}\dfrac{1}{\Delta\nu_q}$, 锁模脉冲的宽度小于调 Q 方式所能获得的最小脉宽 $\dfrac{1}{\Delta\nu_q}$, 仅为其 $\dfrac{1}{2N+1}$.

为了实现锁模, 半个世纪以来人们发展了多种锁模技术, 大体可以分为两大类: 主动锁模和被动锁模. 就固态激光器而言, 主动锁模即引入一种外源周期性损耗调节机制, 而被动锁模主要利用材料的可饱和吸收特性. 前者主要代表技术有: (电

光/声光) 调制锁模、同步泵浦锁模等; 后者主要代表技术有: 克尔透镜锁模、半导体可饱和吸收镜锁模 (SESAM). 而就钛宝石激光器而言, 主要采用克尔透镜锁模机制.

克尔透镜锁模 (Kerr Lens Mode-locking, KLM) 是一种基于光学克尔效应而与光强有关的脉冲选择机制. 光学克尔效应是物质因响应外加光电场而导致折射率随光强改变的一种非线性效应. 具体地, 介质的折射率改变与入射的光强成正比. 因此, 介质的非线性折射率可以表示为

$$n = n_0 + n_2 I, \tag{6.1.7}$$

其中, n_0 为与光强无关的折射率, n_2 为非线性折射系数, 与三阶非线性极化率有关, I 为脉冲光强.

对于 $n_2 > 0$ 的增益介质 (如 Ti^{3+}: Sapphire), 激光脉冲会因为光克尔效应在增益介质中发生自聚焦现象: 高功率密度部分聚焦成较小光斑, 而低功率密度部分聚焦成较大光斑. 在腔中放置一个小孔光阑, 高功率密度部分会通过光阑; 而低功率密度部分会被光阑挡住而部分损失, 如图 6.4 所示. 因此, 当激光脉冲在腔

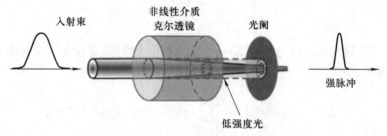

图 6.4 克尔透镜锁模机制示意图[12]

内多次往返时, 低功率密度部分不断被损耗, 而高功率密度部分则不断被放大, 在时域上表现为脉冲不断窄化, 最终产生脉宽很短的锁模脉冲. 增益介质与腔内光阑的结合相当于一个快饱和吸收体, 对激光脉冲的前后沿具有压缩作用. 而实际应用中, 更多情况并不存在小孔这个硬光阑, 而是钛宝石晶体既做增益介质, 又做克尔晶体, 还承担软边光阑的作用, 如图 6.5 所示.

值得注意的是, 光克尔效应属于三阶非线性效应, 需要光强达到一定程度才能出现. 因此, 克尔透镜锁模一般不能自启动, 即开启阶段需要人为引入扰动帮助锁模. 但是模式锁定一旦开始, 克尔透镜效应就会持续维持下去, 锁模也将持续进行, 启动机制不再被需要.

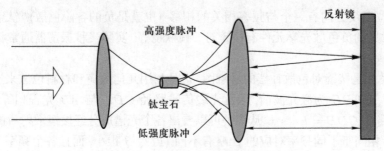

图 6.5　软光阑克尔透镜锁模示意图

6.1.3　色散补偿

当电磁波在介质中传输时, 不同频率光谱成分对应的折射率不同, $n = n(\omega)$, 而导致传播速度不同, 即会产生一个与频率有关的相位偏移 $\phi(\omega)$, 这就是色散效应. 由傅里叶变换理论可知, 飞秒脉冲对应着较宽的频谱, 则其通过介质材料时色散效应将引起不同频率光波产生相对运动, 从而导致脉冲包络的变形. 因此, 对激光系统色散情况进行控制是产生飞秒脉冲的必要条件.

为了对色散效应进行更细致描述, 常将相位 $\phi(\omega)$ 在中心角频率 ω_0 处作泰勒级数展开:

$$\phi(\omega) = \phi(\omega_0) + \phi'(\omega)\Big|_{\omega_0}(\omega - \omega_0) + \frac{1}{2!}\phi''(\omega)\Big|_{\omega_0}(\omega - \omega_0)^2$$
$$+ \frac{1}{3!}\phi'''(\omega)\Big|_{\omega_0}(\omega - \omega_0)^3 + \cdots, \tag{6.1.8}$$

式中, 每一阶对应一种色散量: 一阶系数 $\phi'(\omega)$ 称为群延迟 (Group Delay, GD), 二阶系数 $\phi''(\omega)$ 称为群延迟色散 (Group Delay Dispersion, GDD), 三阶系数 $\phi'''(\omega)$ 称为三阶色散 (Third Order Dispersion, TOD) 等. 理论分析可知: GD 与脉冲时域平移有关, GDD 不论正负均会导致脉冲展宽, TOD 及高阶项影响着脉冲的对比度; 此外, 激光时域脉宽最短情况出现在相位 $\phi(\omega)$ 的泰勒展开式中二阶及更高阶项为零时, 此时称之为脉宽达到了傅里叶变换极限.

所谓色散补偿, 即引入与原色散符号相反的色散量, 来达到消除系统高阶色散项, 以实现超短脉冲输出的操作手段. 光脉冲经过介质相位改变量为

$$\phi(\omega) = \frac{n(\omega)\omega}{c}L. \tag{6.1.9}$$

普通介质材料 (包括掺钛蓝宝石晶体) 为正常色散晶体, 由式 (6.1.9) 在中心频率附近做泰勒级数展开, 其群延迟色散、三阶色散等均为正值. 此时, 为了达到补偿色散、压缩脉冲的目的, 需要重新在激光腔内不同的地方安排不同的光谱成分, 要求

光谱相位向反方向有一个与频率相关的相移 (也就是负的各阶色散). 钛宝石振荡器中, 常见的负色散光学元件有棱镜对、啁啾镜等, 实际飞秒振荡器通常将二者配合使用.

图 6.6 是棱镜对色散补偿的示意图, 它是利用几何效应和材料色散来进行色散补偿的. AC, BE 为激光波前, 因此光线传输路径 CDE 与 AB 光程相等, 则光线传输的路径 $CDE = L \cos \beta$. 从图中可以看出各个光谱成分经棱镜散射后的角度稍有差别, 相当于不同频率对应的 β 略有不同 (虽然 β 很小, 而且各个频率对应的 β 变化也很小, 但是由此引入的光程差却不可忽略), 因此导致在棱镜对之间不同波长光谱成分所传输的路径稍稍不同. 经理论计算[13], 通过调节两棱镜间的间距 L 和棱镜插入量 X, 可以改变几何光程和光在棱镜中路径大小, 进而定量改变棱镜对各阶色散量的符号与大小. 这样, 很方便在实际调节中获得所需的色散补偿量. 棱镜对的最大优点是可以对色散量连续调节, 主要缺点是其可有效补偿的光谱带宽不够平坦且材料色散的高阶项难以消除, 此外所占空间较大, 不利于小型化.

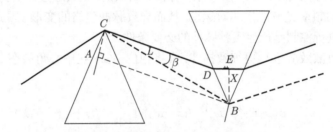

图 6.6　棱镜对色散补偿示意图

除了采用几何效应进行色散补偿外, 用设计镀膜层的方式也可以实现色散补偿, 即啁啾镜色散补偿. 如图 6.7 所示, 啁啾镜是多膜系反射镜的延伸, 其膜层设计是高、低两种折射率材料的间隔排列, 但是膜层厚度不是均匀分布, 一般需专门设计以确保补偿色散的同时避免色散曲线产生振荡. 啁啾镜能控制各个波长在膜层中的穿透深度, 可以精确地设计和控制高阶色散, 并且损耗小、结构紧凑、可调控

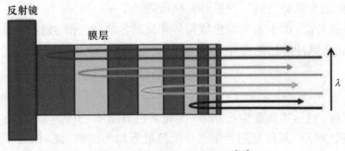

图 6.7　啁啾反射镜示意图[14]

光谱带宽较宽. 借助啁啾镜, 高质量稳定可靠的亚 10fs 全固态激光器成功实现, 极大地推动了超短脉冲激光器的发展. 其缺点是, 欲实现精确的色散补偿, 需进行专门的设计, 制造与系统相匹配的啁啾镜, 且不能进行连续色散补偿.

6.2　啁啾脉冲放大技术

随着钛宝石激光功率的不断提升, 钛宝石晶体内部会出现非线性效应, 导致晶体损坏, 这种现象遏制了激光功率的进一步提高. 啁啾脉冲放大 (CPA) 技术的提出有效地解决了这一问题, 其基本原理是: 对于由振荡器产生的小于 10 fs、nJ 量级的种子光, 经色散元件的展宽作用后, 在时域上被展宽成一个 ps 甚至 ns 量级的光脉冲, 其峰值功率被大大降低, 减小了放大过程中的非线性效应, 并且避免了放大和传播中引起的光学元件损伤. 选单并放大后, 再用与展宽放大中的总色散符号相反、色散大小相当的压缩器件对脉冲进行色散补偿, 就得到了接近傅里叶变换极限的压缩脉冲, 如图 6.8 所示. CPA 系统主要由三个单元组成: 展宽器, 放大器, 压缩器.

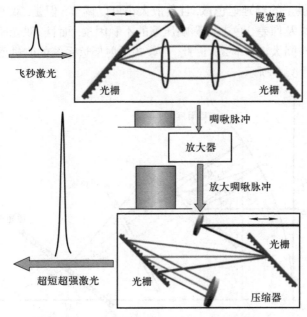

图 6.8　啁啾脉冲放大 (CPA) 原理图[15]

6.2.1　展宽器

展宽器的作用是将高功率飞秒激光脉冲进行时域展宽, 使其脉冲宽度由 fs 量级变为百 ps 甚至是 ns 量级. 这一过程可以大大降低脉冲的峰值功率密度, 从而避免晶体及镜片等元器件的损伤. 当前, 最常用的高功率展宽器是基于光栅衍射的几何效应来获得正色散从而使脉冲展宽的, 它的最初构型由阿根廷学者马丁内兹[16]于 1987 年在美国贝尔实验室提出, 如图 6.9 所示. 经理论分析: 当 $L < f$ 时,

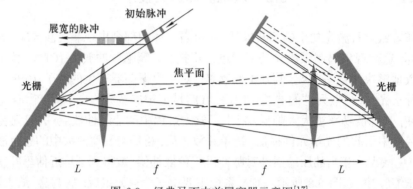

图 6.9　经典马丁内兹展宽器示意图[17]

该结构可以提供正的群延迟色散, 且色散大小可以调节. 但是, 双透镜的存在会产生额外的色散以及像差、色差等影响压缩的不利因素. 而且, 双光栅结构不利于准直调节且占用空间大、成本高. 因此, 折叠式反射望远系统的改进型马丁内兹结构应运而生, 如图 6.10 所示.

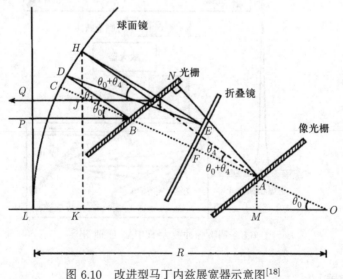

图 6.10　改进型马丁内兹展宽器示意图[18]

下面利用光线追迹法分析马丁内兹展宽器是如何产生正群延迟色散的[18]. 图

6.10 所示虽然是一个折叠系统, 实际上仍然等效为存在两个球面反射镜. 设这两个球面镜的间距是 R, 轴为 OC. 设入射光与轴 OC 的角度是 θ, 则光栅的衍射角是 $\gamma - \theta = \gamma - (\theta_0 + \theta_1)$, γ 为 PB 与光栅法线的夹角. 光线经过两次球面镜的反射之后, 再次射到光栅上的入射角是

$$\gamma - (\theta_0 + \theta_4). \tag{6.2.1}$$

为便于分析, 可将折叠系统图 6.10 展开, 如图 6.11 所示.

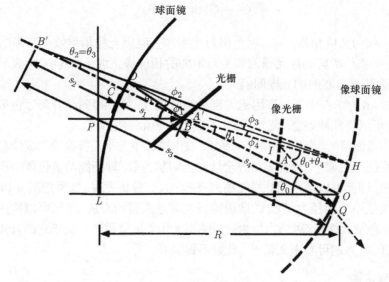

图 6.11　改进型马丁内兹展宽器结构等效分析图[19]

经理论计算[13,18,19], 如图 6.11, 光从 P 出发到 Q 所通过的路径长度是

$$P = C + A - D, \tag{6.2.2}$$

其中

$$C = 2R - (R - s_1)\cos\theta_0, \tag{6.2.3}$$

$$A = R\sin(\theta_1 - \phi_1)\left(\frac{1}{\sin\theta_1} + \frac{1}{\sin\theta_2}\right) + \sin(\theta_3 - \phi_4) \cdot \left(\frac{1}{\sin\theta_3} + \frac{1}{\sin\theta_4}\right)$$

$$- R\frac{\sin\phi_4}{\sin\theta_4}\cos\theta_0, \tag{6.2.4}$$

$$D = (s_4 - s_c)\frac{\cos(\gamma - \theta_0)}{\cos(\gamma - \theta_0 - \theta_4)} \cdot [1 + \cos(\theta_0 + \theta_4)]$$

$$= b \cdot [1 + \cos(\theta_0 + \theta_4)], \tag{6.2.5}$$

s_c 是 s_4 中处在像光栅与像球面镜之间的部分,

$$b = (s_4 - s_c) \frac{\cos(\gamma - \theta_0)}{\cos(\gamma - \theta_0 - \theta_4)}, \tag{6.2.6}$$

b 是第一个光栅和第二个光栅 (指像光栅) 之间的光程. 综合以上计算, 这个系统的总相移就是

$$\phi(\omega) = \frac{\omega}{c}(C + A - D) + \frac{2\pi G}{d} \tan(\gamma - \theta_0 - \theta_4)$$
$$+ \frac{2\pi}{d}(G_0 - G) \tan(\gamma - \theta_0). \tag{6.2.7}$$

式中第一项为几何相移, 第二项为出射光束准直时因光栅衍射效应带来的附加相移, 最后一项是考虑到像光栅的像差而增加的相位修正因子. 其中 G 表示光栅间隔, G_0 是当 $\theta_4 = 0$ 时的光栅间隔.

对式 (6.2.7) 在中心频率附近做泰勒级数展开, 可以得到其群延迟色散项是正的, 因此可以将脉冲展宽. 此外, 需注意其三阶色散项是负的.

由于球面镜的焦面并不是一个平面, 故由球面镜与平面折叠镜构成的马丁内兹型展宽系统存在像差, 而像差最终会转化为附加色散, 即不能与负色散的压缩系统严格共轭, 因此难以最终把脉宽压缩回飞秒. 人们分析发现, 如果把图 6.10 的平面折叠镜换成一个半径为 $R/2$ 的球面镜且与原球面镜同心放置, 则可以构成一个无像差的正色散元件. 这种结构称为欧浮纳型无像差展宽器[20]. 关于它的具体原理及相关计算, 有兴趣可参考文献[21], 此处不做展开.

6.2.2　放大器

放大器是将展宽的激光脉冲进行放大的单元, 是获得超强激光的核心组件. 图 6.12 所示为增益和能量抽取效率与入射光 (种子光) 通量的关系曲线: 入射光的能量越高, 则增益倍数越低, 而能量的抽取率越高. 因此, 最佳的放大效果应该是分阶段进行的, 即在入射脉冲是低能量时 (nJ 量级), 应该采用高放大倍数的放大器; 而在脉冲的能量已经达到较高时 (mJ 量级), 应该采用能量提取效率高的放大器. 前者常称之为预放大器, 后者常称之为功率放大器. 按照光路结构不同, 又可以划分为再生放大器和多通放大器.

再生放大器本身是一个调 Q 激光器. 它由增益介质和一个含调 Q 元件的谐振腔组成, 称之为再生腔. 展宽后的种子脉冲被导入再生腔, 在腔内往复多次经过晶体被放大直至饱和, 然后调控调 Q 元件开关将脉冲导出腔外. 根据调 Q 元件所需施加电压类型的不同, 可分为四分之一波电压型和半波电压型. 前者对调 Q 器件性能参数要求较低: 所需电压不必太高, 上升沿不必太短等; 后者可将入射光和出射光完全隔离, 避免了回光对前级展宽器和振荡器的影响. 根据腔型结构不同, 又

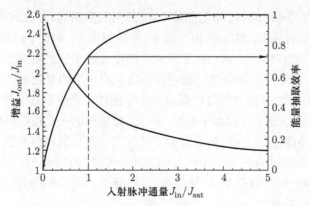

图 6.12 增益和能量抽取效率与入射光通量的关系[13]

可分为线形再生腔和环形再生腔. 前者是驻波放大, 具有结构简单、调节方便、脉冲建立时间短等优点; 后者是行波放大, 最主要优点是可以有效降低自发放大辐射 (ASE), 提高脉冲对比度.

最常见的调 Q 元件是泡克耳斯盒, 它是一种电光器件, 其核心是一块电光晶体 (如 KDP, DKDP, ADP, KDA 等). 通过给电光晶体加载电压, 泡克耳斯盒可以提供随施加电压变化的快速精密的输出光偏振方向控制. 泡克耳斯盒的工作原理是基于克尔光电效应: 在电光晶体上施加恒定或变化的电压 (电场) 能够使晶体双折射发生线性变化, 从而使通过光束的偏振态改变.

此处, 以线形四分之一波电压型再生放大器为例, 简述再生放大器的基本工作原理.

图 6.13 为一种线形四分之一波电压型再生放大器结构示意图, 其中 TFP 为薄膜偏振片 (反射垂直偏振, 透射水平偏振)、λ/4 为四分之一波片 (该波片可以不要, 只需事先把泡克耳斯盒调整为四分之一波片状态即可)、PC 为泡克耳斯盒.

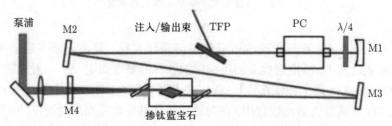

图 6.13 一种线形四分之一波电压型再生放大器结构示意图[22]

垂直偏振的种子光经 TFP 反射进入再生腔, 此时 PC 不加电压, 则种子光经 PC、四分之一波片, 被 M1 反射, 再经四分之一波片变成水平偏振光, 然后经过 PC

可透过 TFP, 再经 M2、M3、增益晶体、M4 反射后原路返回, 直到再两次经过四分之一波片变回垂直偏振, 然后经 PC, 被 TFP 反射出去, 则整个过程只能放大两次, 远未达到饱和. 若在种子光第一次变成水平偏振经过 PC 之后到下一次再回到 PC 之前的时间里, 给 PC 加四分之一波电压使之变成一个四分之一波片, 则此时种子光再经 PC 和四分之一波片等效于经过一个半波片而变成垂直偏振, 然后被 M1 返回, 再次经过二者, 则又变回水平偏振. 因此, 此后可以一直在腔内振荡而放大. 直到达到腔内脉冲能量最大 (一般需往返十几到几十次), 需将脉冲引出时, 只需撤掉 PC 所加电压, 则脉冲再次经过 PC 与四分之一波片, 而后被 M1 反射返回到 TFP, 又变回垂直偏振, 则可以被 TFP 导出至腔外. 至此, 则完成了对展宽的种子脉冲的能量进行放大的功能.

多通放大器则是利用反射镜将入射光多次往返通过增益晶体, 并在增益晶体中提取能量. 显然, 多通放大器用到的透射元件更少, 因此引入更少的材料色散, 从而得到更短的放大脉冲. 多通放大器最典型的应用在于低重复频率 (<100Hz)、大能量 (>1mJ) 激光脉冲的放大场景, 此时其结构也相对固定, 即蝴蝶结型光路, 如图 6.14 所示.

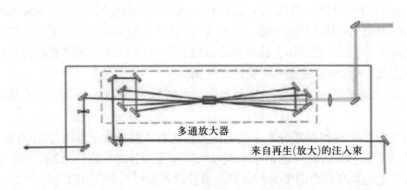

图 6.14   多通放大器蝴蝶结型光路示意图[22]

需要指出的是, 预放阶段也可以使用多通放大器. 具体说来多通放大器和再生放大器孰优孰劣, 需根据放大和压缩后的脉冲的要求而定[13]. 一般来说, 在不要求脉冲太窄 (20fs 以上) 的情况下, 再生放大器有很大优势. 而在要求脉冲比较窄 (<20fs) 时, 多通放大器比较常用. 在对脉冲能量的要求很高的情况下, 往往是两者混用, 即预放用再生, 功放用多通. 考虑到高重复频率的泵浦激光器的高稳定性, 也可在预放大阶段用高重复频率的再生放大器, 而在功率放大阶段用低重复频率的多通放大器, 只需在中间增加泡克耳斯盒脉冲选择装置即可. 二者具体参数比较见表 6.2.

表 6.2 再生放大器和多通放大器的对比[13]

参数	再生放大器	多通放大器
光束质量	因为再生放大器本身就是一个工作在 TEM_{00} 模的激光器, 输出光束可以认为是高斯光束, 和入射脉冲的光束质量无关	多通放大器一直是在复制入射脉冲的光束, 而且由于非共线入射, 还会附加一些非均匀性
指向稳定性	再生放大器的指向稳定性完全取决于放大器腔的稳定性. 振荡器和展宽器的指向变化不会影响放大器的输出光束的指向	指向稳定性必然会追溯到振荡器的稳定性. 另外, 放大器泵浦光的能量变化会导致放大介质热透镜的微小变化, 同样会导致光束在空间的很大变化
能量稳定性	因为很容易靠增加种子光在腔内的往复次数以保证增益饱和, 再生放大器有很高的稳定性	必须增加泵浦能量以保证增益饱和, 但是要增加一个或更多的放大次数并不容易
可靠性	因为往返次数几乎可以无限制地调节, 晶体不需要特别高的泵浦能量, 也就不会有打坏晶体之虞	为了获得非常高增益, 以便在 8 次通过时间内将脉冲从 nJ 放大到 mJ, 需要非常高的能量来泵浦, 极容易打坏晶体
适应性	因为展宽器可以设计成能容纳很大的材料色散, 腔外再增加一点光学元件, 只需稍微调节一下压缩器即可	因为展宽器设计为只容纳很小的材料色散, 增加一个光学元件会引起脉冲宽度的很大变化
脉冲可压缩性	展宽器和压缩器可以设计成能容纳再生放大器的材料色散, 使得脉冲可以压缩到较小的水平	由于材料色散较小, 展宽器可以设计成有更大的带宽, 可以压缩更短的脉冲
能量效率	效率取决于再生放大器腔的效率, 一般可达 20%	因为是非共线放大, 效率较再生放大器低
复杂性	设计一般来说比较简单, 准直也不需要很多时间	需要更多的光学元件, 需要更多的空间, 也需要更多的准直时间

6.2.3 压缩器

为了将能量放大后的啁啾脉冲压缩回与种子脉冲相当的脉宽, 需要采用与展宽器色散量相当、符号相反的负色散系统. 一个被广泛使用的结构是 1969 年由 Treacy 提出的光栅对结构[23], 如图 6.15 所示.

为了计算这个系统的色散[13], 先算出光线在系统中走的距离: 假定入射角为 γ, 衍射角为 $\gamma - \theta$, 对于某一个波长分量它们之间的关系遵从光栅方程式, 即

$$\sin \gamma + \sin(\gamma - \theta) = m\lambda/d, \tag{6.3.1}$$

式中 m 是衍射级次, d 是光栅常数. 如图 6.15 所示的光栅对结构中, 光线 ABS 的

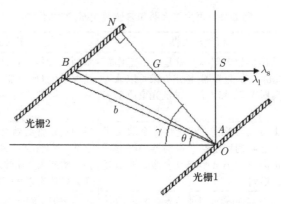

图 6.15　Treacy 结构光栅对压缩器[13]

路径长度 P 可以写为

$$P = b(1 + \cos\theta) = \frac{G}{\cos(\gamma - \theta)}(1 + \cos\theta). \tag{6.3.2}$$

实际的相位除了 $\phi = \omega P/c$, 还包括一个相位修正因子. 这是因为第一个光栅的衍射光在被第二个光栅准直时不是简单的反射, 而是衍射. 不同的波长分量之间除了路径长度差, 还有一个由于衍射位置不同产生的相位差. 图 6.15 中假如以垂足 N 作为参考点, 则任何一个波长分量的相位修正因子可以写为 NB 之间的刻痕数乘以 2π, 即 $2\pi\dfrac{G\tan(\gamma-\theta)}{d}$, 那么总的相位就是

$$\phi(\omega) = \frac{\omega}{c}b(1+\cos\theta) - \frac{2\pi G}{d}\tan(\gamma-\theta). \tag{6.3.3}$$

对式 (6.3.3) 在中心频率附近做泰勒级数展开, 可以得到其群延迟色散是负的, 而三阶色散是正的, 恰好与 6.2.1 节中展宽器的结果符号互补. 因此, 这个光栅对可以用来压缩展宽后被放大的脉冲.

以上两节对常见的钛宝石飞秒激光系统的基本原理进行了简单介绍. 在 6.3 节将梳理国内外典型 PW 激光系统的状况.

6.3　国内外典型 PW 激光系统

随着高峰值功率激光的广泛应用, 国内外已建立多套百 TW 激光系统, 还有近 50 套 PW (10^{15}W) 激光系统装置已完成或在建[24,25]. $10 \sim 100$PW 的激光装置和计划中的装置分布如图 6.16. 下面对国内外典型的 PW 激光系统进行简单介绍.

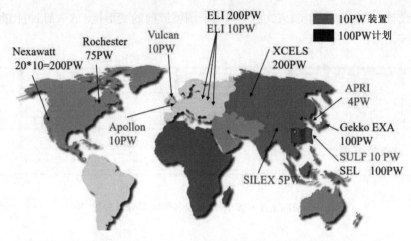

图 6.16　10 ~ 100PW 的激光装置 (含计划) 分布

6.3.1　BELLA PW 激光系统

2012 年, 美国劳伦斯伯克利国家实验室 (LBNL) 建成世界上首个商用 PW 激光系统[26], 如图 6.17 所示, 激光输出能量 46J, 脉冲宽度 45fs, 重复频率 1Hz. 该激光系统由法国 Thales 公司提供, 用于开展激光等离子体加速和相关的等离子体相互作用物理研究. 利用 BELLA 系统, LBNL 已经获得了 7.8 GeV 的电子束[27].

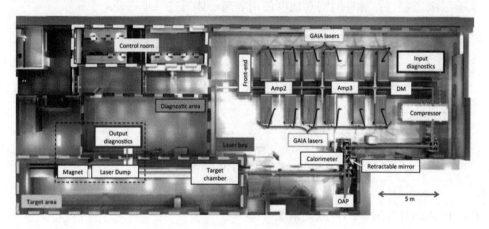

图 6.17　BELLA PW 激光装置[26]

BELLA PW 激光装置基于双钛宝石 CPA 放大器, 系统组成及参数见图 6.18, 主放大器由 12 路 Nd: YAG 泵浦, 每路泵浦光能量 13J. 在双 CPA 放大之间利用交叉偏振 (Cross-Polarized Wave, XPW) 滤波技术提高脉冲对比度并展宽光谱. 其 XPW 系统使用了两块 BaF_2 晶体以提高效率 (17%). 为避免返回光, BaF_2 晶体采

用光楔设计. 在 Amp3 和 CPA2 之间有用来调整波前的变形镜. 放大脉冲能量输出
稳定性波动 0.54%.

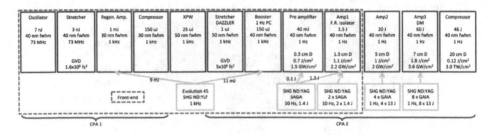

图 6.18　BELLA PW 激光装置各组成部分及参数[26]

6.3.2　DRACO PW 激光系统

德累斯顿激光加速实验室 (DRACO) PW 激光系统[28] 是由 Amplitude Tech-
nologies 公司提供的, 主要用于等离子体加速器研究. 该系统可实现两路输出: 150TW
和 1PW 输出. 钛宝石激光系统的基本结构如图 6.19, 由飞秒振荡器发出的信号, 经
前置放大后压缩, 经非线性 XPW 脉冲净化, 再经 CPA 放大到 1.5J 的脉冲能量; 后
经主放大达到 45J, 运行在 1Hz, 脉冲压缩至 30fs, 最后通过波前校正系统传输到各
实验区域. 放大后, 脉冲时间对比度使用等离子体镜进一步提升.

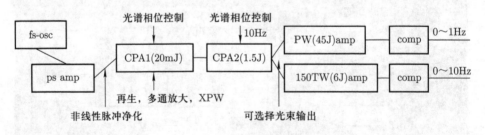

图 6.19　DRACO PW 激光系统[28]

6.3.3　APOLLON PW 激光系统

法国 APOLLON PW 激光系统[29] 是一套 OPCPA 和钛宝石 CPA 系统的混
合放大系统, 前端采用 OPCPA, 泵浦源由 Thales 公司和 Amplitude Technologies
公司提供, 旨在实现高能量短脉冲 (10 PW, 15fs, 150 J, 单发/分钟) 高对比度输出.
APOLLON 的设计中含四束独立激光输出, 如图 6.20.

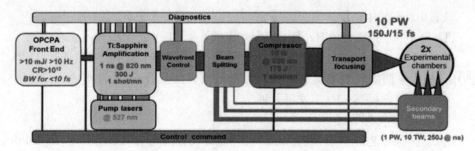

图 6.20 APOLLON PW 激光装置[29]

6.3.4 ELI 装置

欧盟未来大科学装置的极光设施 (Extreme Light Infrastructure, 简称 ELI)[30] 下设四大研究装置, 分别为捷克布拉格的束线装置 (ELI-Beamlines Facility), 匈牙利赛格德的阿秒装置 (ELI-Attosecond Facility), 罗马尼亚默古雷莱的核物理装置 (ELI-Nuclear Physics Facility) 以及超强场装置 (ELI-Ultra High Field Facility). ELI 将为超高功率激光器用户提供独特平台, 在多个专用靶区配置多个激光系统设施.

(1) ELI 束线装置

ELI 束线装置将提供一系列研究用途的激光系统, 用于物理学和材料科学, 生物医学以及实验室天体物理学等领域的研究工作. 激光系统基于 OPCPA 技术或掺钛蓝宝石 CPA 技术, 或两者混合. 激光系统由四套激光系统组成, 见图 6.21, 各系统输出能量和工作重复频率如下:

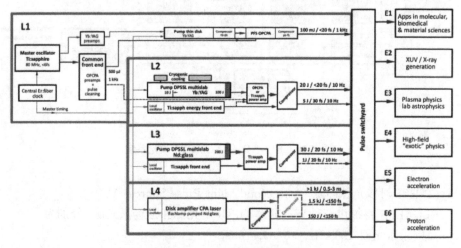

图 6.21 ELI 束线装置原理图

L1: 100 mJ /1 kHz;

L2: 1 PW /20 J / 10 Hz(激光显影光束线);

L3: 1 PW / 30 J / 10 Hz(由美国劳伦斯国家实验室 (LLNL) 搭建激光器 HAPLS, 使用二极管泵浦固态激光器 (DPSSL) 泵浦的掺钛蓝宝石 CPA 技术);

L4: 10 PW / 1.5 kJ / 1 发每分钟.

(2) ELI 核物理装置

位于罗马尼亚的核物理装置 (ELI-NP) 激光设备的高功率激光系统 (High-Power Laser System, HPLS), 包括两路 10 PW 激光系统. ELI-NP 的 HPLS 结合基于低能量水平的 OPCPA 和由高功率 Nd: YAG 和钕玻璃倍频激光泵浦的大口径掺钛蓝宝石放大器. 系统设计方案如图 6.22 所示. 前端由 OPCPA 组成, 主放由掺钛蓝宝石放大器组成. 该激光系统输出: 2×100TW, 10Hz, 2×1PW, 1Hz, 20J, <20fs 和 2×10PW, 单发/分钟, 250J, 25fs, 束直径为 50 cm (实现聚焦功率密度 10^{23}W/cm^2), 用于在极端条件下进行高能物理实验, 光诱导核物理反应及其应用 (包括核裂变和核聚变), 以及将电子加速到 10 GeV 以上.

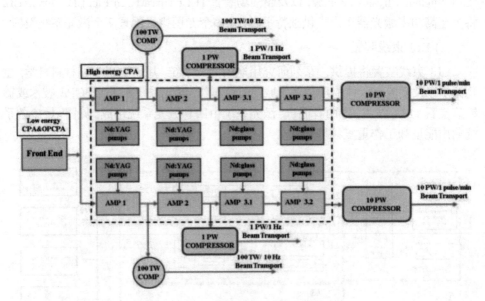

图 6.22 ELI-NP 双路 10 PW 激光系统

(3) ELI 阿秒光脉冲源 (Attosecond Light Pulse Source, ALPS)

ELI-ALPS 将提供三种高重复率 OPCPA 光源和强场激光源, 分别为:

高重频激光器 100 kHz, >5 mJ, <6 fs;

中红外激光器 10 kHz, >10 mJ, 4 ~ 8 μm;

太赫兹泵浦激光 100 Hz, >1 J, <5 fs 和单周期 (SYLOS) 激光 1 kHz, >100 mJ, <5 fs;

强场激光 10 Hz, >2 PW, <10 fs.

所有的光源将用于驱动辅助光源 (UV / XUV, X 射线, 离子等), 将致力于原子、分子、等离子体和固体中电子动力学研究.

6.3.5　CoReLS PW 激光系统

韩国先进光子学研究所 CoReLS PW 激光系统[31] 采用 OPCPA 和 CPA 混合放大技术, 压缩后脉宽 19.4fs, 输出脉冲能量 83J, 能量稳定性 1.5%(rms), 峰值功率达到 4.2PW[14], 激光系统组成如图 6.23 所示. 系统引入了 XPW 技术和 OPCPA 技术来防止放大过程中的光谱增益窄化, 同时增强了时域对比度. 得益于 XPW 技术, 其在 100ps 量级的时域对比度达到了 3×10^{-12}, 和前端的 2×10^{-8} 相比提高了 4 个量级.

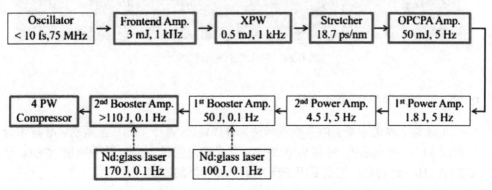

图 6.23　CoReLS 0.1 Hz, 4.2 PW CPA 钛宝石激光系统[31]

6.3.6　SULF PW 激光系统

上海光机所的 SULF PW 激光系统[32,33]是一套基于掺钛蓝宝石晶体、中心波长 800 nm 的双 CPA 放大链系统. 基于 XPW 和 OPA (光参量放大) 等光净洁模块可以实现宽谱带、高对比度的激光脉冲输出.

激光装置系统原理图如 6.24. 输出时, 激光参数为: 脉宽 24fs, 光谱带宽 (FWHM) 大于 60 nm, 压缩器效率 64%, 压缩后脉冲能量 216.96 J, 对应激光脉冲峰值功率 10.3PW.

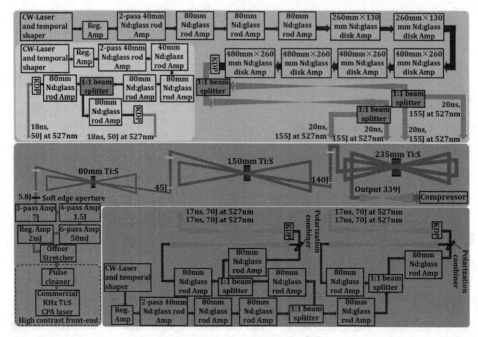

图 6.24　SULF 原理示意图[32]

6.3.7　北京大学 PW 激光系统

北京大学激光等离子体实验室与法国 THALES 基于 OPCPA 及 XPW 技术合作研制 2PW 激光系统. 峰值功率 2PW, 激光输出能量 ≥60J, 脉冲宽度 ≤30fs, 重复频率 1Hz. 此激光系统主要用于激光质子加速器的研制.

参 考 文 献

[1] Maiman T H. Stimulated optical radiation in ruby [J]. Nature, 1960, 187(4736): 493-494.

[2] Collins R J, Kisliuk P. Control of population inversion in pulsed optical masers by feedback modulation [J]. Journal of Applied Physics, 2004, 33(6): 2009-2011.

[3] Hargrove L E, Fork R, Pollack M A. locking of He-Ne laser modes induced by synchronous intracavity modulation [J]. Applied Physics Letters, 1964, 5: 4-5.

[4] Fork R L, Greene B I, Shank C V. Generation of optical pulses shorter than 0.1 psec by colliding pulse mode locking [J]. Applied Physics Letters, 1981, 38(9): 671-672.

[5] Moulton P. Ti-doped sapphire: tunable solid-state laser [J]. Optics News, 1982, 8(6): 9-9.

[6] Spence D E, Kean P N, Sibbett W. 60-fsec pulse generation from a self-mode-locked Ti:sapphire laser [J]. Opt. Lett., 1991, 16(1): 42-44.

[7] Strickland D, Mourou G. Compression of amplified chirped optical pulses [J]. Optics Communications, 1985, 56(3): 219-221.

[8] https://gb.castech.com/product/Ti%3ASapphire-%E6%99%B6%E4%BD%93-85.html [Z].

[9] Moulton P F. Spectroscopic and laser characteristics of Ti:Al$_2$O$_3$ [J]. J. Opt. Soc. Am. B, 1986, 3(1): 125-133.

[10] 李焱, 杨宏. 从超短光到超短超强光的突破 —— 解读获 2018 年诺贝尔物理学奖的啁啾脉冲放大技术 [J]. 物理与工程, 2019, 29(2): 3-7.

[11] 周炳琨, 高以智, 陈倜嵘, 等. 激光原理 [M]. 北京: 国防工业出版社, 2014.

[12] Keller U. Recent developments in compact ultrafast lasers [J]. Nature, 2003, 424(6950): 831-838.

[13] 张志刚. 飞秒激光技术 [M]. 北京: 科学出版社, 2011.

[14] Yefet S, Pe'er A. A review of cavity design for Kerr lens mode-locked solid-state lasers [J]. Applied Sciences, 2013, 3(4): 694-724.

[15] 马金贵, 王静, 钱列加. 飞秒激光放大的奠基性发明及其能力边界的突破 [J]. 物理, 2018, 47(12): 772-778.

[16] Martinez O. 3000 times grating compressor with positive group velocity dispersion: application to fiber compensation in 1.3-1.6 μm region [J]. IEEE Journal of Quantum Electronics, 1987, 23(1): 59-64.

[17] https://en.wikipedia.org/wiki/Chirped pulse amplification#/media/File: Cpa stretcher.svg [Z].

[18] 张志刚, 孙虹. 飞秒脉冲放大器中色散的计算和评价方法 [J]. 物理学报, 2001, 50(6): 1080-1086.

[19] Zhang Z, Yagi T, Arisawa T. Ray-tracing model for stretcher dispersion calculation [J]. Appl. Opt., 1997, 36(15): 3393-3399.

[20] Cheriaux G, Rousseau P, Salin F, et al. Aberration-free stretcher design for ultrashort-pulse amplification [J]. Opt. Lett., 1996, 21(6): 414-416.

[21] Jiang J, Zhang Z, Hasama T. Evaluation of chirped-pulse-amplification systems with Offner triplet telescope stretchers [J]. J. Opt. Soc. Am. B, 2002, 19(4): 678-683.

[22] 何鹏. 高平均功率飞秒钛宝石激光以及周期量级光脉冲的产生与控制 [D]. 西安: 西安电子科技大学, 2017.

[23] Treacy E. Optical pulse compression with diffraction gratings [J]. IEEE Journal of Quantum Electronics, 1969, 5(9): 454-458.

[24]　Danson C, Hillier D, Hopps N, et al. Petawatt class lasers worldwide [J]. High Power Laser Science and Engineering, 2015, 3: e3.

[25]　Danson C N, Haefner C, Bromage J, et al. Petawatt and exawatt class lasers worldwide [J]. High Power Laser Science and Engineering, 2019, 7: e54.

[26]　Nakamura K, Mao H S, Gonsalves A J, et al. Diagnostics, control and performance parameters for the BELLA high repetition rate petawatt class laser [J]. IEEE Journal of Quantum Electronics, 2017, 53(4): 1-21.

[27]　Gonsalves A J, Nakamura K, Daniels J, et al. Petawatt laser guiding and electron beam acceleration to 8 GeV in a laser-heated capillary discharge waveguide [J]. Physical Review Letters, 2019, 122(8): 084801.

[28]　Schramm U, Bussmann M, Irman A, et al. First results with the novel petawatt laser acceleration facility in Dresden [J]. Journal of Physics: Conference Series, 2017, 874(1): 012028.

[29]　Papadopoulos D N, Zou J P, Le Blanc C, et al. First commissioning results of the Apollon laser on the 1 PW beam line [C]. CLEO: Science and Innovations. Optica Publishing Group, 2019: STu3E. 4.

[30]　https://www.eli-beams.eu/ [Z].

[31]　Sung J H, Lee H W, Yoo J Y, et al. 4.2 PW, 20 fs Ti:sapphire laser at 0.1 Hz [J]. Opt. Lett., 2017, 42(11): 2058-2061.

[32]　Li W, Gan Z, Yu L, et al. 339J high-energy Ti:sapphire chirped-pulse amplifier for 10 PW laser facility [J]. Opt. Lett., 2018, 43(22): 5681-5684.

[33]　Gan Z, Yu L, Wang C, et al. The Shanghai Superintense ultrafast Laser Facility (SULF) project [J]. Progress in Ultrafast Intense Laser Science XVI, 2021: 199-217.

第 7 章　激光离子加速靶材制备

实验研究表明, 激光离子加速中, 靶材的厚度、密度、表面形貌和几何尺寸等会直接影响离子的能量、能谱、角度分布等性质. 因而靶材制备是激光离子加速研究非常重要的一个环节, 本章将概述目前激光离子加速领域主要的靶材及其制备方法.

激光离子加速领域中的靶材, 按形态可分为固体薄膜靶、泡沫靶、微纳结构靶、液体靶等; 按靶材密度可分为固体靶、近临界密度靶等; 按靶材组分可分为有机高分子 (塑料) 靶、金属靶、无机化合物靶等. 下面按照靶材形态类型的不同分别予以介绍.

7.1　固体薄膜靶材

7.1.1　塑料薄膜靶

塑料薄膜靶是激光离子加速中使用比较广泛的一类靶材. 相比于其它类型的靶材, 塑料薄膜靶有如下优势: (1) 靶材的厚度范围较大 (10nm∼10µm), 因此适用范围广. 考虑到激光对比度以及靶能量、脉宽等因素, 不同的实验对塑料薄膜靶的厚度有着不同的需求. 高分子材料因其分子链空间自由度大、链柔性强的特点, 宏观尺度上具有优良的延展性和较好的力学强度, 在很大的厚度范围内都可实现自支撑, 是高适用性的靶材. 目前, 利用高分子材料可以制备薄至 10 nm 以下的薄膜靶, 这让它成为光压加速 (RPA) 机制中激光离子加速的理想靶材. (2) 制备工序简单且对制备设备要求低, 可以实现在短时间内大批量制备. 作为激光加速实验的大量消耗品, 其具有价格低廉的特点, 能够帮助控制成本 —— 这对于激光加速器走向应用有着重要意义. 目前塑料薄膜靶主要制备方法有旋涂法、浸渍提拉法、滴液法、挤出法等 (图 7.1).

旋转涂膜 (旋涂) 法是一种比较简单常见的方法. 它是利用离心力的作用, 使有机高分子溶液在基板上铺展, 得到厚度在 nm 到 µm 区间的薄膜. 旋转涂膜可以在硅片表面或者其他具有亲和性的材料表面进行. 激光加速实验要求薄膜能够在一定区域内实现不依托任何基底的自支撑. 为达到这一要求, 旋转涂膜法目前采取的主要技术路线是: 首先在基片 (如玻片、硅片等) 表面涂覆一层 "牺牲层", 然后在其上旋涂塑料薄膜, 再将基片连带薄膜缓慢浸入水中, 这时牺牲层溶解在溶剂之中, 塑料膜自动浮在液面之上, 用带孔的打捞板 (即靶片) 打捞即可得到所需薄膜 (如图 7.2 所示).

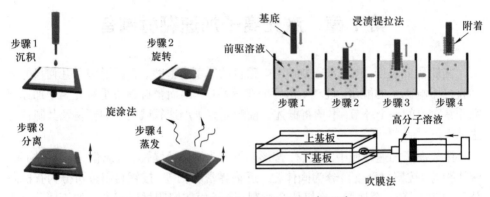

图 7.1　塑料薄膜制备方法示意图[27−29]

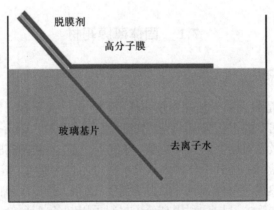

图 7.2　自支撑塑料薄膜的制作[30]

　　脱膜时最常用的溶剂是水, 对应的牺牲层主要由两大类材料构成: 一类是既亲油又亲水的高分子 (如肥皂水), 它们的遇水亲水基团能溶于水中以实现薄膜与基板的分离; 一类是易溶于水的无机材料 (见 7.1.2 小节金属薄膜制备方法). 薄膜靶本身是不溶于水的, 而牺牲层易溶于水, 这样自然就实现了薄膜和基片的分离.

　　旋涂法的优势在于可以快速制备大量的自支撑塑料膜, 薄膜的均匀性较好. 使用低浓度溶液还可制备出超薄的塑料膜. 其不足之处在于, 旋涂得到的薄膜往往面积有限, 不利于大面积制备靶材. 此外, 当有机溶液浓度较高时, 黏度也会很高, 离心力将难以使溶液均匀铺展成膜, 故此法在大面积制备厚度在 μm 以上的薄膜时难度较大.

　　滴液法是将配制好的难溶于水的有机溶液, 用液量可控的移液枪滴于水面之上. 有机溶液在表面张力作用下自行扩散延展, 几秒之后溶剂蒸发形成塑料薄膜, 用打捞板打捞便可制得自支撑的塑料薄膜靶. 使用多通道阵列式移液器可以在水面上制备出大面积塑料薄膜. 滴液法将 "脱膜 - 漂浮" 两个过程合二为一, 缩短了中间环节, 操作更为快捷简便, 可以为重频打靶提供大量的靶材. 目前用于滴液法制备塑料薄膜靶的溶质有聚乙烯醇缩醛类树脂、聚苯乙烯、邻二甲苯、吡啶等, 使用的溶剂一般为乙醇、1、2-二氯乙烷、丙酮、氯仿等. Sebastian Seuferling[2]等人研究表明采用聚乙烯醇缩甲醛 (PVA) 的 1、2-二氯乙烷溶液和聚苯乙烯的氯仿溶液有较好的实验结果. 滴液法制备塑料薄膜虽然工艺简单, 但易受到溶质扩散不均匀性和内应力的影响, 制得的薄膜厚度起伏较大, 平展度较差 (如图 7.3), 这是需要继续研究改进的地方.

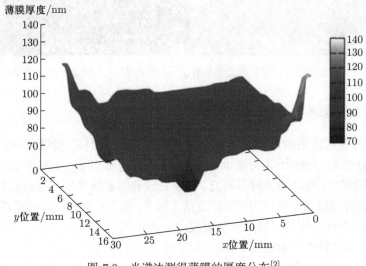

图 7.3 光谱法测得薄膜的厚度分布[2]

浸渍提拉法是将改性过的打捞板插入有机溶液中, 利用有机溶液和打捞板表面的接触浸润吸附, 之后匀速缓慢将打捞板提拉出来, 放入烘箱中在合适的温度和空气中烘干形成自支撑薄膜.

狭缝挤出法是将表面张力比较大的有机溶液通过吹塑、挤出使其浸润吸附在基片表面, 之后烘干成膜. 此法过程较为烦琐, 厚度较厚, 多用于商用塑料薄膜的制备. 激光加速研究中, 如需厚度较厚的薄膜 (μm 厚度), 可采购商品化的薄膜, 拉直后直接粘贴在靶片上作为靶体.

对制得的塑料薄膜进行表征, 也是靶材制备的重要环节. 对通常的塑料薄膜, 我们需要掌握它的厚度和平整度等信息. 对于紧密贴敷在基片上的薄膜, 可用光学形貌仪或台阶仪、原子力显微镜等来测量其厚度. 具体来说, 先用尖锐的刀片在薄膜上划出一条划痕. 划痕处的薄膜自然被剥离. 在划痕周围用光学形貌仪等设备测量表面形貌, 通过台阶高度差就可以得到薄膜的厚度. 图 7.4 是用光学形貌仪测量到的划痕周围的三维 (3D) 形貌, 可从测量结果中得到厚度值. 对处于自支撑状态塑料薄膜, 可使用光学形貌仪表征其平整度.

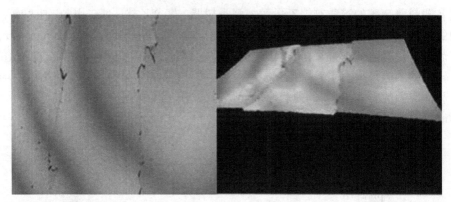

图 7.4 带划痕的塑料薄膜在光学形貌仪下的显微图 (左) 和 3D 表面渲染图 (右)

7.1.2 金属薄膜靶

金属薄膜靶也是激光加速实验中使用较为广泛的靶材. 金属靶相较塑料靶而言, 质量数更大、等离子体密度也更高, 可用于加速重离子. 重离子束在核聚变快点火、辐照相变、特殊功能材料研究、离子径迹和纳米技术研究等领域有着广泛的应用. 金属薄膜靶通常采用物理沉积方法来制备, 沉积材料和基片的适用性非常广. 物理沉积过程可以概括为以下三个阶段:

(1) 从源材料中发射出用于镀膜的粒子;

(2) 粒子输运到基片;

(3) 粒子在基片上凝结、形成核、长大成膜.

根据粒子从源基材发射方式, 物理沉积有多种不同的方式, 下面做一下简要介绍.

真空蒸发沉积薄膜具有操作简单、速度快效率高等优点, 见图 7.5, 但同时, 其形成的膜与基片结合较差, 晶粒尺寸大强度低, 工艺的重复性也较差. 按照所使用的热源来分类, 常用的蒸镀方法如表 7.1 所示.

溅射镀膜是指利用具有足够高能量的粒子轰击固体基材表面, 使其中的原子团簇发射出来, 沉积于基片上成膜的制备方式. 溅射出来的粒子的角分布取决于入射粒子的方向, 溅射率取决于入射粒子的质量和能量. 相比于真空镀膜, 溅射镀膜有以下优势:

(1) 对于待镀材料, 只要可以做成饼状基材, 都可以实现溅射;

图 7.5 真空蒸发镀膜及金属靶制备示意图

表 7.1 真空蒸镀薄膜的主要方式和优缺点

镀膜方式	优点	缺点
电阻热蒸镀: 热电阻蒸发材料	方式简单、成本低、应用广泛	只能蒸镀金属、且无法制备高熔点金属, 会与坩埚反应
电子束蒸发: 高能电子束轰击	可蒸镀活性、难熔材料; 局部加热, 可制高纯膜	设备昂贵、复杂
激光蒸发: 激光轰击源材料蒸发	表面局部加热、热污染少; 实现多种材料制备	材料飞溅、效率低, 薄膜尺寸小; 激光要求高而复杂
电弧蒸发: 等离子体受控运动	粒子能量高、成膜晶化程度高	纯度较低, 需特殊处理

(2) 溅射制得的薄膜与基片的结合性更好;

(3) 溅射所得薄膜的纯度高、致密性好;

(4) 溅射工艺的可重复性好, 膜厚可控性好, 可获得厚度均匀的大面积薄膜.

溅射镀膜的缺点是, 沉积速率相对较低, 且基片会受到等离子体的辐照等作用而产生温升, 对于金、铂等贵重材料的损耗较大. 由于溅射出的粒子能量较高, 制得的薄膜一般内应力较大, 制备厚度较厚的自支撑薄膜时, 容易破碎.

目前主流的溅射方法包括直流溅射、射频溅射、射频磁控溅射等. 直流溅射的流程是: 将待镀基材连接到电源的阴极, 与基材相对应的基片连接到电源的阳极. 当两极之间加上 $1 \sim 5$ kV 的直流电压 (电流密度 $1 \sim 10 \mathrm{mA/cm^3}$) 时, 充入到真空室的惰性气体如氩气 ($1.3 \sim 13 \mathrm{Pa}$) 便会起辉放电. 来自于起辉等离子体的惰性气体离子轰击基材时会溅射出中性原子或团簇, 它们沉积在基片就可凝结成膜. 同时, 靶材轰击产生的二次电子参与辉光放电过程, 使得辉光放电能够自持. 直流溅射一个显著的局限是, 如果阴极基材为非导电材料, 正电荷会在阴极累积无法中和, 最终形成反向电场, 抑制溅射的正常进行, 故直流溅射只能用于溅射导电材料. 为了解决这一问题, 射频溅射应用而生. 这种方法在阴极加射频交变电场, 在交变电场中振荡的电子具有足够高的能量产生离化碰撞, 从而达到放电自持. 射频溅射方法可大大扩展基材的种类. 值得注意的是, 由于射频场加在两个电极之间, 经无序碰撞从两极之间逃逸的电子将不会在射频场中振荡. 射频磁控溅射可以很好地解决这个问题, 它通过交变的电磁场增加了电子在等离子体中的弛豫过程; 同时, 由于在射频场中电子和离子的迁移速率的不同, 导致阴极自负偏压的存在, 维持了溅射所需要的电势差[3].

　　有两种方法可以实现金属薄膜的自支撑. 如图 7.6 所示, 一是将金属薄膜蒸镀在本身可以溶于某种溶液的基底上, 通过对基板的溶解去除使其漂浮于液面之上, 即可实现自支撑; 二是在基片和金属膜之间镀一层牺牲层, 通过牺牲层的溶解, 实现薄膜和基片的分离, 之后用带孔挡板打捞即可得到自支撑的金属薄膜. 图 7.7 是在靶孔处自支撑的金薄膜实物图.

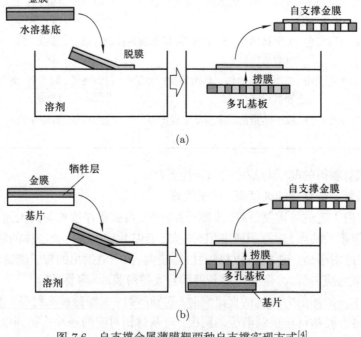

图 7.6　自支撑金属薄膜靶两种自支撑实现方式[4]

图 7.7　在靶孔处自支撑的金薄膜实物图

可溶性衬底包括 Cu 箔、Al 箔、NaCl 抛光片、单晶硅基片以及某些有机薄膜 (如火棉胶) 等. 例如, Cu 箔可以溶于三氯醋酸铵溶液, Al 箔可以溶于 NaOH 溶液, NaCl 溶于水, 玻璃和单晶硅基片溶于 HF 酸, 而有机薄膜可以溶于丙酮等有机溶剂. 但是这些可溶性衬底都存在某种程度的缺陷. 在实际应用中 Cu 箔和 Al 箔会造成金属扩散而使得制备的薄膜不纯净; NaCl 抛光片容易潮解, 造成薄膜起鼓; HF 酸在溶解玻璃或者单晶硅基片的过程中容易同时造成薄膜的溶解; 而有机衬底在溶解过程中, 由于液体与气体的界面张力会造成薄膜破裂.

在固体抛光表面 (如抛光硅片或者玻璃片) 涂覆或生长可溶性脱膜剂, 然后再沉积薄膜, 最后再将脱膜剂溶解, 通常是一种更有效的方法. 常用的脱膜剂与其相对应的溶剂如表 7.2 所示.

表 7.2 自支撑薄膜制备过程中常用的脱膜剂及其相对应的溶剂

名称	化学式	熔点/°C	沸点/°C	冷水溶解度 /(g/100ml)	热水溶解度 /(g/100ml)	其他溶剂
氯化钡	$BaCl_2$	925	1520	37.5	59	–
氯化钾	KCl	776	500	34.7	56.7	甘油、乙醚
氯化钠	NaCl	801	1413	35.7	39.12	甘油
氯化镍	$NiCl_2$	1001	973	64.2	87.6	酒精、氨水
氯化锌	$ZnCl_2$	283	732	432	615	酒精; 易溶于乙醚
碘化钡	BaI_2	740	–	170	–	酒精
碘化铯	CsI_2	621	1280	44	160	酒精
碘化钾	KI	686	1330	127.5	208	酒精、氨水、丙酮
碘化钠	NaI	651	1304	184	302	酒精、丙酮、甘油
丙氨酸	$C_3H_7NO_2$	295	258	极易溶	极易溶	酒精
甜菜碱	$C_5H_{11}NO_2$	241	–	极易溶	极易溶	酒精
Formvar	$C_5H_8O_2$	110		不溶	不溶	氯仿、甲苯
右旋糖	$CH_2OHCHCHOH_{40}$	150		溶	极易溶	酒精、丙酮
乙酰胺	$CH_3(CH_2)_{15}NH_2$	–		不溶	不溶	己烷
蔗糖	$C_{12}H_{22}O_{11}$	185		溶	极易溶	酒精
火棉胶	$C_{12}H_{16}O_6(NO_3)_4$	100		不溶	不溶	丙酮、醋酸异戊脂

除了上面介绍的几种方法, 还有一种传统且高效的制备金属板材 (薄膜) 的方法 —— 机械轧制法. 轧制法是将金属坯料多次通过旋转着的轧辊间的缝隙, 利用轧辊的压缩使坯料厚度降低、面积增加的加工方法. 就激光加速所用金属靶而言,

轧制法可以大量、快速制备大面积金属薄膜, 省去脱膜环节, 直接制得自支撑靶. 但是它制备的金属靶厚度依赖于轧辊间隙的精密调节与材料的延展性, 因此较难制备出厚度在 5 μm 以下的金属薄膜. 当厚度小于 10 μm 时, 金属薄膜极易破碎, 操控需要特别小心. 较适合使用轧制法制备金属靶的材料有 Al, Cu, Ti 等.

7.1.3 类金刚石 (DLC) 薄膜

类金刚石 (DLC) 薄膜是一种由 sp2 和 sp3 杂化键组成的无定形纯碳薄膜. DLC 薄膜的硬度、机械强度均较好, 同时具有非常好的透明度和光滑性, 被广泛用作磁性硬盘及其读取头上的超薄保护涂层. 作为激光加速靶材, DLC 薄膜由于其较好的机械强度, 可以被制为超薄的自支撑薄膜 (3 ~ 5nm), 这对光压加速 (RPA) 机制而言是至关重要的. 其较低的光吸收、良好的化学稳定性和冲击耐受性, 有助于在激光预脉冲的作用下保持完整. DLC 薄膜可以通过多种方法合成, 例如溅射沉积, 脉冲激光烧蚀, 离子束沉积和等离子体增强化学气相沉积等, 其中溅射沉积前边已经介绍, 这里对后两种方法作一简述.

离子束沉积 (IBD), 是一种薄膜沉积工艺, 使用离子源, 将靶材 (金属或电介质) 沉积或溅射到基片上, 形成金属或电介质膜. 因为离子束能量确定, 且高度准直, 所以与其他物理气相沉积 (PVD) 技术相比, 离子束沉积法能够更精确地控制厚度, 沉积出非常致密的高质量薄膜.

等离子体增强化学气相沉积 (PECVD) 技术是借助于辉光放电等离子体使含有薄膜组分的气态物质发生化学反应, 从而实现薄膜材料生长的一种制备技术. 相比于常规化学气相沉积 (CVD), PECVD 有效地利用了非平衡等离子体的反应特征, 从根本上改变了反应体系的能量供给方式. 一般说来, 采用 PECVD 技术制备薄膜材料时, 薄膜的生长主要包含以下三个基本过程:

(1) 在非平衡等离子体中, 电子与反应气体发生初级反应, 使得反应气体发生分解, 形成离子和活性基团的混合物;

(2) 各种活性基团向薄膜生长表面扩散输运, 同时发生各反应物之间的次级反应;

(3) 到达生长表面的各种初级反应和次级反应产物被吸附在表面发生反应, 同时伴随有气相分子生成物的再放出.

在辉光放电等离子体中, 电子经外电场加速后, 其动能通常可达 10 eV 左右甚至更高. 因此, 高能电子和反应气体分子的非弹性碰撞会使气体分子电离或者分解, 产生中性原子和分子生成物. 正离子受到离子层加速电场的加速后会与上电极碰撞; 放置衬底的下电极附近也存在有一较小的离子层电场, 所以衬底也受到某种程度的离子轰击. 到达衬底并被吸附的化学活性物 (主要是基团) 的化学性质都很活泼, 它们之间相互反应后可形成薄膜.

马文君等人[5]使用过滤阴极真空电弧沉积 (FCVA), 制备出厚度小于 5 nm 的 DLC 薄膜. 与其他方法相比, FCVA 的以下优点特别适合于制备自支撑 DLC 靶体:

(1) 薄膜中的 sp3 键的比例高达 85%, 具有最佳的类金刚石性能, 无氢且高度透明. 使用低沉积速率的脉冲电弧可以生产出连续、坚固、超薄的 DLC 薄膜, 可薄至几个原子层;

(2) 通过调节基底偏压可以改变沉积的碳离子的能量, 可在很宽的参数范围内控制沉积的 DLC 薄膜的特性;

(3) FCVA 本质上是一种低温沉积技术, 它使多种脱膜剂可用于制备超薄自支撑薄膜.

如图 7.8 所示, FCVA 的大致过程如下: 高电离等离子体由石墨阴极表面的脉冲电弧产生, 平均漂移能量为 $10 \sim 30$ eV, 然后向阳极加速. 在基材和阳极之间设置垂直磁导管的磁场, 从而可从等离子体中过滤出大颗粒. 最终原子团簇沉积到基片 (如硅片) 上成核生长延展成膜. 为了控制碳离子的能量, 可将偏压施加到基片上. 沉积速率受电流和电弧脉冲速率的控制. 为了最小化 DLC 膜的内应力, 应当采用低偏置电压 (~ 20 V) 和低沉积速率 (~ 0.3 nm / min). 如之前所介绍的那样, 为了制备出激光加速实验所需的自支撑薄膜, 同样需要在基片上先蒸镀一层牺牲层. 牺牲层目前一般使用氯化钠薄膜. 研究表明氯化钠薄膜具有的波纹结构会使在其上沉积的 DLC 层的强度和成膜性更好[5]. 图 7.9 展示了 DLC 薄膜的外观形貌、表面起伏和粗糙程度. 整体而言, DLC 薄膜具有较好的平整性, 表面起伏程度不超过 30 nm.

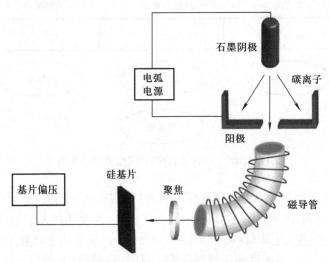

图 7.8 过滤阴极真空电弧沉积 (FCVA) 示意图[5]

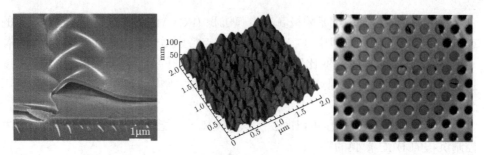

图 7.9   FCVA 制备得到 DLC 薄膜的扫描电子显微镜 (SEM) 图、原子力显微镜 (AFM) 图、实物图 (从左到右)[6]

7.2   低密度多孔泡沫靶材

激光与靶材相互作用过程中, 可允许激光传播的等离子体的最大电子密度称为临界密度, 其大小与激光波长有关. 对于波长为 1 μm 的激光, 临界密度约为 $10^{21}/cm^3$. 靶材的电子密度 (n_e) 与临界密度 (n_c) 的比值远小于 1 的称为低密度靶 (如气体靶), 远大于 1 的称为高密度靶 (如固体靶), 接近于 1 的称为近临界密度靶, 如图 7.10. 由轻元素构成的近临界密度靶在电离前的体密度在 $1 \sim 10 mg/cm^3$ 这一区间. 泡沫材料的体密度可覆盖这一区间, 其在超高光强下电离后可转化为具有陡峭边界的近临界密度等离子体, 在激光加速中有着重要的应用.

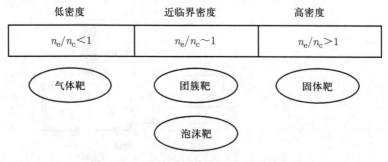

图 7.10   不同物态的靶材密度分布示意图

多孔泡沫是最具代表性的低密度泡沫材料. 根据孔径的大小, 可分为孔径小于 2 nm 的微孔材料, 孔径为 $2 \sim 50$ nm 的中孔材料, 以及孔径大于 50 nm 的大孔材料. 目前制备的多孔泡沫材料的孔径多大于 50 nm. 离子加速时激光焦斑的尺度大致为 3 μm × 3 μm. 低密度泡沫材料作为靶材时, 孔径越小, 等离子体越均匀, 可抑制等离子体不稳定性的发展. 多孔泡沫要做到体密度在 $1 \sim 10 mg/cm^3$ 区间内, 又具有纳米尺度的均匀性, 是非常困难的.

7.2.1 聚合物多孔泡沫靶

聚合物材料因其成型简单、可塑造性强的优势, 是用于制作泡沫材料的主要原材料之一. 在激光等离子体实验中, 多采用化学合成的方法来制备低密度泡沫靶材. 主要的制备方法有: 溶胶 – 凝胶法、光化学固化成型、冷冻干燥法、静电纺丝法等. 合成的有机化合物通常有聚丙烯酸酯、多糖、聚 3-甲基 -1-戊烯 (PMP)、间苯二酚甲醛 (RF) 等, 图 7.11 概述了常用的聚合物泡沫靶的元素组成、密度、孔隙直径等信息.

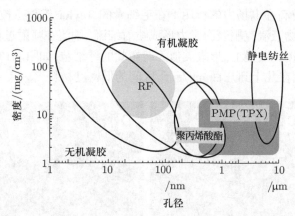

图 7.11   聚合物泡沫材料的密度与孔隙直径的范围图[7]

溶胶 – 凝胶法以无机物或金属醇盐作前驱体, 在液相将这些原料均匀混合, 并进行水解、缩合化学反应, 在溶液中形成稳定的透明溶胶体系. 溶胶经陈化, 胶粒间缓慢聚合, 形成三维空间网络结构的凝胶, 凝胶网络间充满了失去流动性的溶剂. 凝胶经过干燥、烧结固化制备出分子乃至亚纳米结构的材料, 如图 7.12.

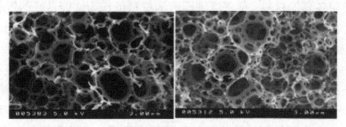

图 7.12   溶胶 – 凝胶法制得的多孔泡沫材料的微观形貌图[7]

光化学固化 (光固化) 泡沫材料成型是采用一定波长的光 (一般是紫外光) 照射单体和引发剂的光敏化溶液产生自由基, 随后自由基经聚合产生均匀凝胶. 光固化成型会引起大范围的快速交联, 交联密度高, 相比溶胶 – 凝胶法而言其产生的泡沫材料孔径和收缩率均很小.

　　光固化成型和溶胶 – 凝胶法都通过聚合物乳液收缩、干燥形成疏松多孔的结构, 孔隙分布和孔隙尺度都较为均匀. 其液态的前驱体可用于铸造形状复杂的构件. 此类聚合物泡沫本身也可以作为模具, 浇铸非金属溶液成型, 之后高温烧蚀去除聚合物层, 得到非金属泡沫材料.

　　静电纺丝法以其制造装置简单、纺丝成本低廉、可纺物质种类繁多、工艺可控等优点, 已成为制备纳米纤维材料的重要途径之一. 静电纺丝法全称为聚合物喷射静电拉伸纺丝法. 具体来说, 首先将聚合物溶液或熔体带上几千至上万伏高压静电. 带电的聚合物液滴在电场力的作用下在毛细管的 Taylor 锥顶点被加速. 当电场力足够大时, 聚合物液滴克服表面张力形成喷射细流. 细流在喷射过程中溶剂蒸发或固化, 最终落在接收装置上, 形成类似无纺布状的纤维毡, 如图 7.13. 采用静电纺丝法可制备出密度在几十到几百 mg/cm^3 区间的低密度材料.

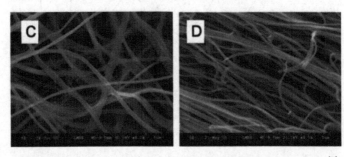

图 7.13　静电纺丝法制备得到的多气隙低密度薄膜 (SEM 图)[7]

7.2.2　碳泡沫低密度靶

　　碳原子间可以通过 sp2 和 sp3 键结合, 构成石墨烯、碳纳米管、多孔碳、金刚石等多种形貌各异的材料. 低密度纯碳泡沫材料可作为性能良好的近临界密度靶. 马文君等人在国际上率先利用碳纳米管制备出了近临界密度靶, 应用于激光加速实验, 碳离子和金离子加速能量得到了显著提升[8]. 目前碳纳米管的主要制备方法有电弧放电法、激光烧蚀法、化学气相沉积法等. 电弧放电法是用高纯石墨做电极, 在真空的条件下, 通高压拉起电弧, 高温条件下碳原子重构生长为碳纳米管. 此法制备碳纳米管的反应温度高, 碳原子的晶化程度最高, 纯度高, 结构完美, 但是制得的碳纳米管宏观为颗粒和粉体状, 难以成膜, 并不适合作为激光加速实验靶材. 激光烧蚀法产量低、面积有限, 碳纳米管生长时间短, 精细结构不易控制. 化学气相沉积法是大批量制备碳纳米管薄膜的主要方法. 下面先介绍利用浮动催化化学气相沉积制备碳纳米管薄膜的方法.

　　此方法的基本过程如图 7.14, 将含碳源 (例如甲烷) 的混合气体均匀混合后通入已排空空气的石英管中, 同时携带经加热升华的催化剂, 进入管中央高温反应区进行反应. 反应气体中的碳原子在高温区经催化剂裂解, 在纳米催化剂表面生长为碳纳米管并浮于载气中, 跟随气流一同向炉管尾部运动. 随着炉管尾部温度的下降, 碳纳米管相互搭接, 在基片上形成碳纳米管薄膜. 制备所得的碳纳米管薄膜内, 碳管在微观尺度呈均匀、无序排布 (见图 7.15), 构成三维网络, 其体密度可以低至 1 mg/cm^3.

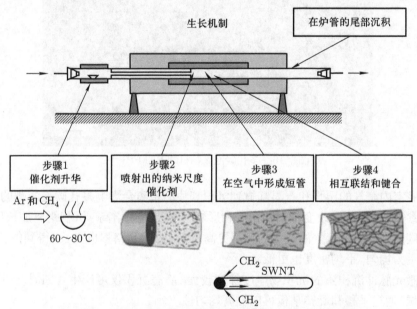

图 7.14 浮动催化化学气相沉积制备碳纳米管薄膜示意图[8]

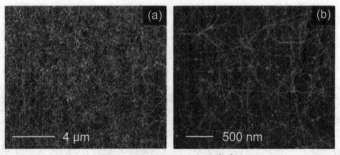

图 7.15 碳纳米管的微观形貌图[31] (SEM 图)

此外, 米兰理工大学微纳米结构实验室采用激光脉冲沉积 (PLD) 的方法制备了多孔碳泡沫材料[9]. 基本过程为在充满氩气的腔室里用 Nd: YAG 激光的二次谐波 (532nm) (脉冲持续时间 5 ~ 7 ns, 重复频率 10 Hz, 传输能量 0.8 J/cm^2) 对热解石墨靶进行烧蚀. 石墨靶表面层受热迅速膨胀脱离基层, 团簇颗粒相互碰撞, 沉积在基底上形成多孔碳泡沫材料 (见图 7.16). 腔室内的氩气会提高烧蚀颗粒之间的碰撞频率, 使碳原子在等离子体羽流中形成簇和纳米颗粒, 并导致簇组装的膜具有多孔形态.

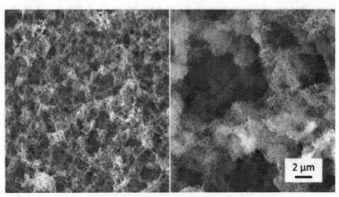

图 7.16　多孔碳泡沫靶材的 SEM 图[10]

　　腔室内氩气的压强和石墨基材到沉积基片的距离会影响多孔碳泡沫靶的参数. 通过参数调节, 可以改变靶材的密度和形貌[11]. 当气压增高、沉积距离加长后, 膨胀的碳纳米颗粒与氩气的碰撞的频率更高, 弛豫时间和路程也更长, 得到的多孔泡沫靶更为均匀, 平均密度也更低.

　　激光脉冲沉积法的沉积物厚度梯度较大, 静态沉积仅可产生 1 cm^2 左右的均匀区域, 通过平移和旋转基板可以提高均匀性.

7.2.3　金属多孔泡沫靶

　　金属泡沫靶的制备方法与多孔碳泡沫靶的方法类似, 首先采用物理方法使金属团簇颗粒从高纯金属基材脱离, 它们在与腔内气体碰撞弛豫后, 沉积到基片上形成高密度靶材 (图 7.17). 目前主要的制备方法有真空电阻热蒸发、电子束蒸发、离子

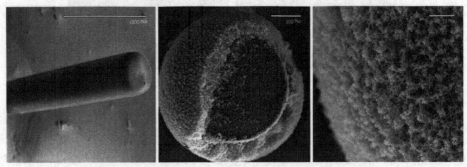

图 7.17　金属铋的多孔泡沫结构 (铋泡沫) SEM 图[12]

束蒸发等. 同样, 通过对腔内氩气的压强和沉积距离的调节可以实现对靶材密度和均匀度的调控. 调节沉积时间可控制靶材的厚度.

7.3 微结构靶

研究表明, 利用表面具有微结构的靶与激光相互作用, 可以增加激光入射深度, 增强其与等离子体的耦合程度, 导致更高的能量吸收率和更好的激光加速效果. 目前, 常见的微结构靶有聚合物微球靶、凹槽阵列靶、纳米线阵列靶等[13–14], 下面简单介绍.

表面覆盖有单层聚合物微球的微球靶的制备方法如下. 首先将从厂商处购得的直径在 $100 \sim 1000$nm 范围内的聚苯乙烯微球分散于水和乙醇的混合液中 (水和乙醇通常为 1:1). 然后使用带有弯曲尖端的玻璃移液器将其小心地涂在培养皿中的水表面上. 聚苯乙烯微球在水/空气界面处的自组装会形成紧密堆积的单层微球. 此时将固体薄膜靶材浸没在单分子层下, 然后缓慢提起, 就会使单微球层保留在靶材表面上, 形成具有周期性结构的微结构靶. 其表面形貌如图 7.18 所示.

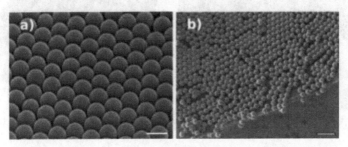

图 7.18 聚苯乙烯微球结构靶 SEM 图[13]

在平面靶表面制备凹槽阵列 (其形貌参见图 7.19) 的方法有光刻法、纳米压印法等.

光刻法的一般流程是在待刻蚀的靶材表面上旋涂一层光刻胶, 之后使用掩模板进行曝光. 曝光之后的样品放入显影液中进行显影, 根据所使用的正负型胶, 去除相应的光刻胶形成凹槽阵列图样. 然后对靶材进行刻蚀. 刻蚀有化学腐蚀和物理刻蚀两种方法. 化学腐蚀是使用化学溶液对光刻胶膜之外的材料反应腐蚀, 去除胶膜未覆盖的部分, 形成凹槽阵列. 物理刻蚀主要是离子束和电子束轰击靶材, 刻蚀去除胶膜未覆盖区域的材料, 形成凹槽阵列. 在靶材表面形成凹槽阵列之后, 去除胶膜即可得到最终的靶材.

另一种制备凹槽阵列微结构的方法为纳米压印法, 一般用于聚合物材料. 纳米压印是一种低成本、高分辨率、高产量的制备方法, 其一般过程是先涂覆聚合物涂

层 (如 PMMA), 然后将刻有目标图案的硬质印模在一定温度和压力下压印聚合物涂层. 趁聚合物涂层软化时将印模拔出脱模, 残胶可用反应离子刻蚀.

纳米压印的温度一般高于聚合物的玻璃化温度 (T_g), 压力在 $5 \sim 10$ MPa 之间, 取决于聚合物涂层的软化程度. 施加于印模的压力一般在温度降到高出玻璃化温度 $10°C$ 左右时去除. 在聚合物涂层冷却到低于玻璃化温度 $50°C$ 时将印模拔出. 高质量纳米压印的实现取决于印模、压印涂层材料、脱模技术、对准精度等.

聚合物纳米线阵列靶可利用阳极氧化铝 (AAO) 模板来制备. AAO 模板上有众多孔状的通道. 孔径和深度可根据需要选择. 制备过程为首先烘烤聚合物使其软化, 然后将其紧密贴合在 AAO 模板表面并施加压力. 继续加热聚合物使其温度达到玻璃化转变温度之上. 软化后的聚合物在压力作用下进入 AAO 模板中, 在孔状通道中形成纳米线. 最后将 AAO 模板用化学溶液腐蚀去除, 即可得到纳米线阵列靶[16-18] (图 7.19).

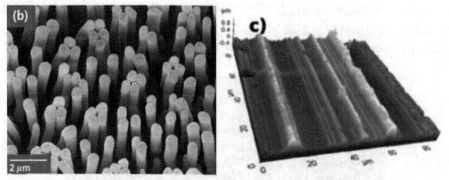

图 7.19 纳米线阵列靶 (左) 和凹槽阵列微结构靶 (右) 的 SEM 图[15]

7.4 液体薄膜靶

激光离子加速一般来说会产生指数型分布的离子能谱. 单发的高能离子数目较少, 要想达到某些应用所需的平均束流强度, 就要以较高的重复频率打靶. 上述的各种靶材在面向应用时都存在一个共同的问题, 就是打靶之后靶材会损坏, 导致很难高重频打靶.

处于流动状态的液体在一定条件下可形成厚度在 μm 到 nm 尺度、无需衬底或容器而独立存在的薄膜. 其中的液体分子不断更替, 受到扰动或破坏后可快速地恢复初始状态. 这种薄膜作为激光加速用的靶材, 在打靶之后会快速复原而可进行下一发打靶, 这在重频打靶时有着显著的优势. 液体薄膜靶的制备方法通常是让液体在某个方向受到驱动力展开成膜, 并在表面张力的作用下闭合. 下面简要介绍利用双柱对撞法制备液体薄膜靶的过程.

　　双柱对撞法的基本过程为: 通过两个直径在几十 μm 左右的圆柱管道喷出两束高速射流, 使其以一定的角度对撞, 相向方向的动量相互抵消, 在正交方向上形成辐射状动量, 并在表面张力的作用下形成闭合液膜, 如图 7.20 所示[19]. 液体薄膜靶是一种实时制备、实时使用的靶材, 因此需要预先知道在一定的条件下制备出的靶材性能. 研究者发现, 对于双柱对撞法: 射流直径越小, 则液膜越薄, 同时对撞夹角越大, 则液膜越薄且长宽比越小[20]; 高黏度流体会使得成膜更厚更均匀[21]; 当两束液柱错开而非对心对撞时, 液膜会更薄且有一定偏转角度[22].

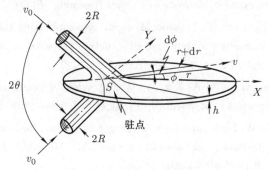

图 7.20　液柱对撞的物理模型[19]

　　除了双柱对撞法, 另一种制备液体薄膜靶的方法是使用收束型喷嘴, 原理与双柱对撞法类似. 不同的是, 其 "对撞" 的过程是在喷嘴内部完成. 2017 年 Gallinis 等使用双光子 3D (三维) 打印的精密方形收束喷嘴得到了厚度 1 μm 左右的液膜[23], 2018 年 Ha 等针对方形收束喷嘴定量研究了液膜尺寸及厚度对长宽比、收束角度和流体物性的依赖关系[24]. 相比双柱对撞法, 收束喷嘴法装置简易, 无须对准, 状态稳定, 具有较高的可移植性, 但调节的自由度较低, 仅能通过改变流量来控制液膜.

　　目前, 液体薄膜靶的研究还处于初级阶段, 仅有少数工作进行了基于液体薄膜靶的激光离子加速实验[25,26]. 超薄、超大均匀液体薄膜的制备是未来液体薄膜靶需要攻克的难关, 提高液膜的稳定性和真空兼容性也是重要的技术问题, 而建立在线的膜厚、稳定性诊断系统, 将有利于液膜的实时反馈控制. 随着这些技术的进步与完善, 液体薄膜因其快速更新的重频能力、材料可循环的经济性和调节的灵活性, 在激光驱动的离子源中有望代替固体靶材成为应用的主流靶材.

参 考 文 献

[1] 赵俊丽. 高分子薄膜的提拉法制备及成膜机理研究 [D]. 上海: 东华大学, 2014.

[2] Seuferling S, Haug M A O, Hilz P, et al. Efficient offline production of freestanding thin plastic foils for laser-driven ion sources [J]. High Power Laser Science and

Engineering, 2017, 5: e8.

[3] 郑伟涛. 薄膜材料与薄膜技术 [M]. 北京: 化学工业出版社, 2004.

[4] Miyamoto Y, Fujii Y, Yamano M, et al. Preparation of self-supporting Au thin films on perforated substrate by releasing from water-soluble sacrificial layer [J]. Japanese Journal of Applied Physics, 2016, 55: 07LE05.

[5] Ma W, Liechtenstein V K, Szerypo J, et al. Preparation of self-supporting diamond-like carbon nanofoils with thickness less than 5 nm for laser-driven ion acceleration[J]. Nuclear Instruments & Methods in Physics Research, 2011, 655(1): 53-56.

[6] Harigai T, Miyamoto Y, Yamano M, et al. Self-supporting tetrahedral amorphous carbon films consisting of multilayered structure prepared using filtered arc deposition[J]. Thin Solid Films, 2019, 675(APR.1): 123-127.

[7] Nagai K, Musgrave C S A, Nazarov W . A review of low density porous materials used in laser plasma experiments[J]. Physics of Plasmas, 2018, 25(3): 030501.

[8] Szerypo J, Ma W, Bothmann G, et al. Target fabrication for laser-ion acceleration research at the Technological Laboratory of the LMU Munich[J]. Matter and Radiation at Extremes, 2019, 4(3): 035201.

[9] Zani A, Dellasega D, Russo V, et al. Ultra-low density carbon foams produced by pulsed laser deposition[J]. Carbon, 2013, 56: 358-365.

[10] Prencipe J, Spattoni A, Dellasega D, et al. Development of foam-based layered targets for laser-driven ion beam production[J]. Plasma Physics and Controlled Fusion, 2016, 58(3): 034019.

[11] Prencipe I, Dellasega D, Zani A, et al. Energy dispersive X-ray spectroscopy for nanostructured thin film density evaluation[J]. Science and Technology of Advanced Materials, 2015, 16(2): 025007.

[12] Akimova I V, Akunets A A, Borisenko L A, et al. Metals produced as nano-snow layers for converters of laser light into X-ray for indirect targets and as intensive EUV sources[J]. Journal of Radioanalytical & Nuclear Chemistry, 2014, 299(2): 955-960.

[13] Klimo O, Psikal J, Limpouch J, et al. Short pulse laser interaction with micro-structured targets: simulations of laser absorption and ion acceleration[J]. New Journal of Physics, 2011, 13(5): 407-470.

[14] Klimo O, Psikal J, Limpouch J, et al. Simulations of short pulses laser interaction with targets having a submicron surface structure: energy absorption and ion acceleration[C]// Laser Acceleration of Electrons, Protons, and Ions and Medical Applications of Laser-Generated Secondary Sources of Radiation and Particles. SPIE, 2011, 8079: 103-110.

[15] Ceccotti T, Floquet V, Sgattoni A, et al. Evidence of resonant surface-wave excitation

in the relativistic regime through measurements of proton acceleration from grating targets[J]. Physical Review Letters, 2013, 111(18): 185001.

[16] Passoni M, Sgattoni A, Prencipe I, et al. Toward high-energy laser-driven ion beams: nanostructured double-layer targets[J]. Physical Review Accelerators and Beams, 2016, 19(6): 061301.

[17] Jiang S, Ji L L, Audesirk H, et al. Microengineering laser plasma interactions at relativistic intensities[J]. Physical Review Letters, 2016, 116(8): 085002.

[18] Dimitri, Khaghan, Mathieu, et al. Enhancing laser-driven proton acceleration by using micro-pillar arrays at high drive energy[J]. Scientific Reports, 2017, 7(1): 11366.

[19] Taylor G. The dynamics of thin sheets of fluid[J]. Proceedings of the Royal Society of London, 1959: 289.

[20] Ibrahim E A, Przekwas A J. Impinging jets atomization[J]. Physics of Fluids A: Fluid Dynamics, 1991, 3(12): 2981-2987.

[21] Lu J, Corvalan C M. Influence of viscosity on the impingement of laminar liquid jets[J]. Chemical Engineering Science, 2014, 119: 182-186.

[22] Panao M R O, Delgado J M D. Effect of pre-impingement length and misalignment in the hydrodynamics of multijet impingement atomization[J]. Physics of Fluids, 2013, 25(1): 012105.

[23] Galinis G, Strucka J, Barnard J C T, et al. Micrometer-thickness liquid sheet jets flowing in vacuum [J]. Review of Scientific Instruments, 2017, 88(8): 083117.

[24] Ha B, DePonte D P, Santiago J G. Device design and flow scaling for liquid sheet jets [J]. Physical Review Fluids, 2018, 3(11): 114202.

[25] Morrison J T, Feister S, Frische K D, et al. MeV proton acceleration at kHz repetition rate from ultra-intense laser liquid interaction [J]. New Journal of Physics, 2018, 20(2): 022001.

[26] Puyuelo-Valdes P, de Luis D, Hernandez J, et al. Implementation of a thin, flat water target capable of high-repetition-rate MeV-range proton acceleration in a high-power laser at the CLPU[J]. Plasma Physics and Controlled Fusion, 2022, 64(5): 054003.

[27] https://www.ossila.com/pages/spin-coating#introduction-to-spin-coatin [Z].

[28] Dalí G C, Lagares D T. Nanobiomaterials in hard tissue engineering: applications of nanobiomaterials [M]. Oxford: William Andrew Publishing, 2016: 1-31.

[29] 赵俊丽. 高分子薄膜的提拉法制备及成膜机理研究 [D]. 上海: 东华大学, 2014.

[30] 王鹏杰. 超短超强激光与纳米靶相互作用的重离子加速研究 [D]. 北京: 北京大学, 2022.

[31] Wang P, Qi G, Pan Z, et al. Fabrication of large-area uniform carbon nanotube foams as near-critical-density targets for laser-plasma experiments [J]. High Power Laser Science and Engineering, 2021, 9: e29.

第 8 章　激光离子加速器与诊断

典型的激光离子加速器通常包括: 高功率激光系统、激光品质提升系统、离子加速系统、诊断系统和控制系统. 其中, 高功率激光系统用于提供高功率飞秒激光脉冲; 激光品质提升系统用于提高激光时域对比度和改善激光波前等光束品质; 离子加速系统用于超强激光驱动离子加速; 诊断系统用于实现对加速中和加速后激光以及束流信息的获取; 控制系统用于维持加速器高效有序地运行. 图 8.1 所示为一台典型的激光离子加速器装置[1]. 本章将主要介绍激光品质提升系统、离子加速系统和诊断系统.

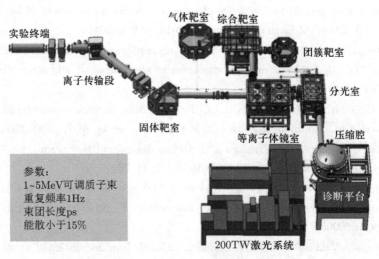

图 8.1　北京大学激光离子加速器

8.1　激光品质提升系统

激光品质提升系统的主要作用是提升激光脉冲的稳定性、聚焦性和时间对比度, 由光路自准直及监控系统、自适应光学 (AO) 系统和等离子体镜系统等组成. 光路自准直及激光监控的主要功能是实现激光脉冲从高功率激光系统稳定地传输至离子加速系统. 光路自准直与激光监控系统配合, 可实现光路的实时准直. 下面重点介绍自适应光学系统和等离子体镜系统.

8.1.1 自适应光学 (AO) 系统

在激光能量和脉冲宽度一定的情况下, 激光焦斑决定激光功率密度, 而激光波前相位决定激光焦斑的质量, 两者都将影响离子加速实验的最终结果. 光路传输过程中, 反射镜片、透镜、波片、偏振片等光学元件都会造成波前相位畸变, 为了提升输出脉冲的功率密度, 需要使用自适应光学 (Adaptive Optics, AO) 波前校正系统对波前畸变进行校正. AO 波前校正系统是一个集测量 — 控制 — 校正为一体的反馈回路系统, 其主要包括: 波前探测器、波前处理器和波前校正器.

波前探测器用于测量激光的波前相位. 目前测量激光波前相位的方法主要有两种: 一种为 Shack-Hartmann 方法, 它通过测量微透镜阵列后的光斑位置和强度, 来分析光束的波前形状和强度分布, 再通过 Zernike 系数[18]或区域法重构得到激光束的波前相位; 另一种为剪切干涉法[19], 即利用剪切干涉仪通过干涉原理测量激光束的波前相位. 剪切干涉法的原理如下: 当待测波前经过波前分析仪时, 通过特制光栅得到一个与待测光波有一定横向位移的复制光波, 这个复制光波与待测光波发生干涉, 形成横向剪切干涉, 两者重合部位出现干涉条纹. 被测波前可能为平面波或者会聚波: 对于平面横向剪切干涉, 为被测波前在其自身平面内发生微小位移产生一个复制光波; 而对于会聚横向剪切干涉, 复制光波由会聚波绕其曲率中心转动产生. 干涉条纹中包含有原始波前的差分信息, 通过特定的分析和定量计算梳理 (傅里叶逆变换) 可以再现原始波前.

波前校正器用于补偿波前相位畸变, 该过程由波前移相装置来完成, 主要通过改变折射率或光路长度来实现. 在激光离子加速器中一般用变形镜 (deformable mirror) 作为波前校正器. 波前校正系统反馈回路如图 8.2 所示, 波前传感器测量到当前的波前相位, 然后通过波前处理器将当前的波前相位与理想相位进行分析, 再将校正量作用到波前校正器, 形成一个循环.

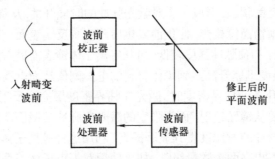

图 8.2 波前校正系统反馈回路原理图

一般情况下, 高功率激光系统在输出时就会进行波前相位校正. 但是, 激光传输时, 光学元件会引入新的波前畸变, 降低激光的聚焦品质. 因此仍需要在激光品质提升系统中进行波前相位校正. 常见的波前相位校正设置如图 8.3 所示, 在聚焦后进行激光波前相位的测量, 再通过优化变形镜进行相位补偿, 获得最佳激光聚焦.

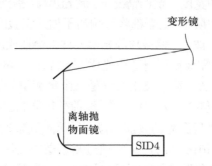

图 8.3　波前校正示意图 (SID4 是一种基于剪切干涉法的波前探测器)

8.1.2　等离子体镜系统

随着 PW 激光时代的到来, 世界各地的激光设施有望在几 μm 直径的焦斑中实现大于 10^{22} W/cm^2 的峰值强度. 然而, 靶的电离损伤阈值通常小于 10^{13} W/cm^2. 这意味着该极端条件下激光时域对比度至少需要达到 10^9, 否则靶材会在主脉冲到来前被电离并预膨胀. 有关激光预脉冲的知识在 5.1 节已经有介绍. 为了满足超高对比度的要求, 人们引入等离子体镜系统以进一步提升激光对比度. 近 20 年的研究表明, 等离子体镜技术是一种提高激光对比度的有效方法, 在很多实验中都取得很好的效果, 图 8.4 为韩国 CoReLS 的 PW 激光双等离子体镜系统 (上图) 及其优化激光对比度的实验效果 (下图)[2].

等离子体镜技术的原理如图 8.5 所示. 等离子体镜是镀上减反膜的石英或玻璃制成的反射镜, 对镜面平整度要求较高. 实验中通过切换减反镜的低反射率状态和等离子体的高反射状态, 形成一个对激光脉冲的时域开关, 从而提高脉冲对比度. 激光经长焦离轴抛物面镜聚焦, 使焦前或焦后落到减反镜表面. 激光脉冲前沿的自发放大辐射 (ASE) 和预脉冲强度较低, 可从等离子体镜表面透射出去. 而激光主脉冲来临时, 激光强度迅速升高达到镜体材料的电离阈值从而电离产生等离子体. 等离子体密度迅速升高到临界密度时, 激光在临界密度层完全反射. 这样, 低强度的激光脉冲前沿主要从镜面透射, 而高强度的激光主脉冲被镜面反射, 最终被等离子体镜反射的激光脉冲的对比度得到显著提高. 利用这种等离子体技术光学开关, 激光对比度通常可以提高两个数量级[3]. 如果使用双等离子体镜系统, 那么激光对比度可以进一步提高.

进一步的研究表明, 等离子体镜技术在皮秒尺度仍然有效[4]. 在与超强激光作用时, 镜面等离子体的触发在几个 ps 以内完成, 如图 8.6 所示, 这样等离子体镜

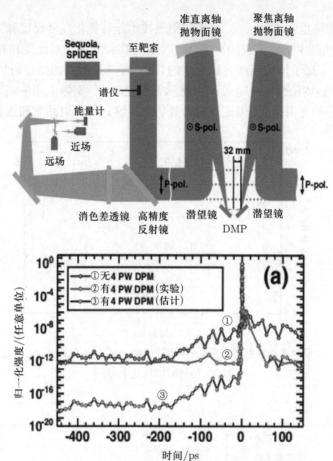

图 8.4 韩国 CoReLS 的 PW 激光双等离子体镜系统[2]. Sequola, SPIDER: 一种脉宽测量装置; DMP: 双等离子体镜.

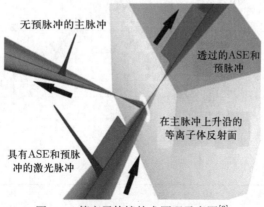

图 8.5 等离子体镜技术原理示意图[3]

反射状态的切换也在皮秒尺度, 从而使得该技术能够优化皮秒尺度脉冲对比度 (图 8.7). 这是其他技术难以实现的[5]. 实际应用中, 在激光本身对比度和光束均匀性较好的情况下, 等离子体镜能够达到很好的效果, 经其反射后的光束的品质基本保持不变, 虽然中心波长会有一定蓝移但是脉宽变化较小. 实际应用中, 需要验证等离子体镜反射后的光束品质, 保证反射激光仍有足够好的光束品质和远场聚焦性能.

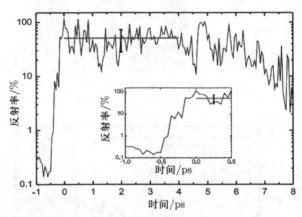

图 8.6　时域分辨反射率测量表明, 等离子体镜的反射率在 1 ps 以内从 0.2% 迅速升高到高反状态, 维持时间达几个 ps.

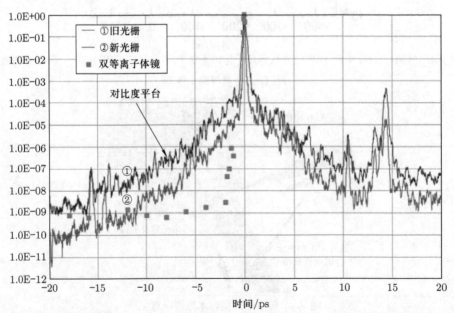

图 8.7　通过等离子体镜, 脉冲在皮秒尺度的对比度得到显著提升. 虽然优化光栅等能够一定程度提升脉冲对比度, 但是皮秒尺度的缓慢上升沿仍然难以消除[5].

综上,等离子体镜系统在实际的应用中能够提高超短超强激光脉冲对比度 2 ~ 5 个数量级,同时具有很高的反射率,能保证大部分激光能量传输到靶点. 因此,借助等离子体镜系统可以显著提高激光对比度,有助于实现更高效的光压加速,获得截止能量更高、发散角更小的质子束. 未来等离子体镜技术的使用在激光离子加速和高亮度辐射等领域都具有重要的意义.

8.2 离子加速系统

离子加速系统主要由六个部分组成: 聚焦系统、焦斑监测系统、靶体系统、真空系统、等离子体参数诊断系统和离子诊断系统, 图 8.8 所示为常见的离子加速系统布局. 高功率激光脉冲经聚焦后, 以一定的角度入射至固体靶表面并与固体靶相互作用,实现离子加速.

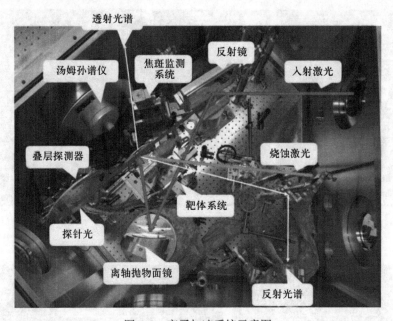

图 8.8 离子加速系统示意图

(1) 聚焦系统

六维聚焦系统由离轴抛物面反射镜 (Off Axis Parabola, OAP) 和六维调节系统组成, 如图 8.9 (a) 所示. 六维调节系统具有高的平移分辨率和旋转分辨率,可用于校正 OAP 的姿态, 从而获得最佳的聚焦. 为了获得更高的激光强度, 激光离子加速器通常使用短焦 OAP, 其 f 数一般小于 3.

(2) 焦斑监测系统

　　三维焦斑监测系统由相对独立运动的三维平动调节系统 (x, y, z)、显微成像系统及 CCD 组成, 如图 8.9 (b) 所示. 焦斑监测系统选用合适倍率的显微物镜, 实现焦斑放大成像至 CCD, 可以满足聚焦调节需求. 除了优化聚焦外, 焦斑监测系统还可用于观测靶面, 实现高精度束靶耦合. 图 8.10 为焦斑监测系统观测到的激光焦斑和靶体表面.

　　(3) 靶体系统

　　五维靶体系统是由相互独立运动的三维平动调节系统 (x, y, z)、二维转动系统 (θ_x, θ_y) 及靶架系统组成, 如图 8.9 (c) 所示. 三维平动系统和二维转动系统可对靶进行五维调整, 靶架系统用于安装靶面. 根据具体打靶需求可设计不同的靶架. 此外, 束靶耦合精度也是影响实验结果的主要因素. 在每轮实验前, 利用焦斑监测系统进行每个靶面的校正, 保证靶面在激光焦点位置处, 可以实现良好的束靶耦合, 为实现离子有效加速和实验的可重复性提供基础.

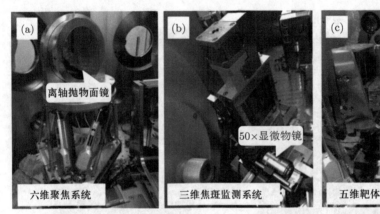

图 8.9　(a) 六维聚焦系统; (b) 三维焦斑监测系统; (c) 五维靶体系统

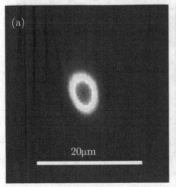
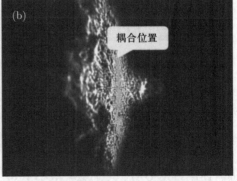

图 8.10　(a) 激光焦斑; (b) 焦斑监测系统观测到的靶体表面

(4) 真空系统

高功率激光经聚焦后, 在大气中出现的非线性效应会将激光能量耗散, 因此离子加速系统需要运行在真空环境中. 真空系统的真空度一般需要优于 10^{-3}Pa, 若有需要高真空的诊断设备, 可根据实际情况考虑真空需要.

(5) 等离子体参数诊断系统

为了能够更好的理解激光离子加速的过程, 在实验中通常会对等离子体的参数进行诊断, 如等离子体密度, 等离子体膨胀速度等. 由于激光加速过程的时间尺度很小, 通常会利用光学的方法对等离子体参数进行诊断.

(6) 离子诊断系统

离子诊断系统主要用于诊断激光加速得到的离子种类、能量及离子数目, 是离子加速实验系统中的重要模块, 将在 8.3 节中对其进行详细讨论.

8.3 离子诊断系统介绍

离子诊断系统用于探测激光加速得到的离子种类、能量及离子数目, 获得离子能谱. 离子能谱诊断对离子加速机制研究非常重要, 所以在激光离子加速研究的近二三十年里, 其测量方法也得到了迅速的发展. 离子诊断系统包括离子探测器及探测介质. 下面介绍一些常见的探测介质和探测器.

8.3.1 探测介质

目前成熟的探测介质主要有: CR-39, 辐射变色膜片 (RCF), IP 板, 微通道板 (MCP), 闪烁体. 以下对不同的探测介质进行介绍.

(1) CR-39

CR-39 是一种常用的离子探测器, 结构简单轻便, 成本低, 对带电粒子灵敏, 对环境稳定性要求低, 可探测能量较大, 目前被广泛应用于高能裂变碎片测量、聚变等离子体诊断、宇宙射线及中子探测等研究领域. 它的化学分子式为 $C_{12}H_{18}O_7$, 是一种透明材料, 密度大约是 $1.3g/cm^3$. CR-39 的最大优势在于它不会响应激光加速实验中产生的 X 射线、热电子等产物, 因此在离子诊断方面存在独特的优势. 当带电粒子穿过 CR-39 时, 在轨迹上会留下原子尺度的辐射损伤. 然后用强酸或者强碱溶液 (通常使用 NaOH 或者 KOH 溶液) 对径迹进行刻蚀, 经过辐照的损伤区域因为具有较高的化学活性, 将很快被刻蚀, 而未经过辐照的区域被刻蚀速度较慢. 经过足够长的刻蚀时间, 就可以在显微镜下看见径迹, 如图 8.11 所示. CR-39 在应用过程的劣势主要是需要花费较长时间才能获得实验结果, 并且在离子产额较高的情况下, 很容易出现饱和. 因此, CR-39 主要适用于低离子产额的情况.

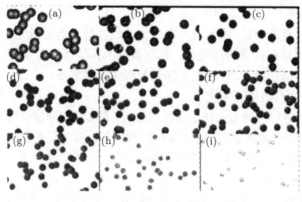

图 8.11　CR-39 质子探测径迹[6]

(2) 辐射变色膜片 (RCF)

辐射变色膜片 (Radiochromic Film, RCF) 是一种广泛应用于医学物理的剂量探测器, 开始主要用于高能量光子剂量的探测, 之后才被应用到激光离子加速领域. 当离子入射到 RCF 上并在其中沉积能量时, RCF 会发生化学变化, 其颜色发生改变. RCF 对可见光区域不敏感, 但对于各类电离辐射源都很敏感. 当 RCF 被辐照后, 会变成深蓝色. RCF 吸收剂量与其光密度在几个量级范围内几乎呈线性, 因此通过测量辐照前后光密度的变化就可以得到吸收剂量, 进而得到相关电荷量的信息. 相比 CR-39, RCF 的结构相对复杂, 一般由保护层、灵敏层和基底层组成. 不同型号的 RCF 材料厚度和结构存在差异, 对辐射的响应也不同, 因此需要根据购买的 RCF 型号进行光密度与吸收剂量的定标.

辐射前后的 RCF 如图 8.12 所示, 被辐射的 RCF 颜色会明显发生变化. 另外由于 RCF 对高能射线、电子都敏感, 在进行质子诊断时, 需要添加防护层, 从而消除其他产物的影响. 由于 RCF 需要在一定的辐照剂量下才开始变色, 所以灵敏程

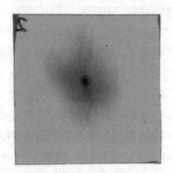

图 8.12　辐射前后的 RCF (左图: 未辐射, 右图: 辐射后)

度要低于 CR-39.

(3) IP板

IP (Image Plate) 板最初用于医用 X 光诊断中, 它可以将模拟影像信号转换为数字影像信号. 与 RCF 类似, IP 板对质子、离子、电子、X 射线、γ 射线等都敏感. 以质子为例, 当质子入射到 IP 板上时, 会在其表面产生与该点质子束剂量成正比的俘获电子和空穴, 质子信号就会以电子和空穴的形式存储. 当使用 IP 板扫描仪对其进行扫描时, 被俘获态的电子和空穴就会在扫描激光的激励下被释放出来, 从而产生与该点的电子空穴对密度成正比的荧光. 荧光被收集后转换为电信号, 再经过放大和模电转换就能被计算机用来作数字图像处理.

IP 板也具有多层结构, 包括: 保护层、荧光层、支持层、背衬层等. 其主要工作介质是荧光层. 荧光层通常是激励发光材料, 具有高的动态范围和灵敏度; 但是由于发光中心能级的寿命较短, IP 板需要被及时地读取, 并进行衰减率修正. 此外, 不同能量的质子在 IP 板上的响应也不同, 需要进行标定. 图 8.13 是 IP 板作为探测介质测量质子的结果, 其中黑色的线是质子经过磁铁偏转后在 IP 板上沉积的响应信号.

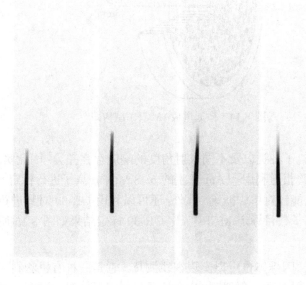

图 8.13 实验中 IP 板测量的质子信号

(4) 微通道板 (MCP)

前面提到的三种质子探测介质在开展激光质子加速实验时都只能进行单次测量, 不能用于高重复频率的实验, 这里介绍一种可以用于在线测量的探测介质 —— 微通道板测量方法. 微通道板 (Micro Channel Plate, MCP) 是 20 世纪 70 年代在单通道电子倍增器的基础上发展起来的一种多通道电子倍增器, 其工作原理与单通道电子倍增器类似. 当通道两端加上高压时, 它会对入射信号形成连续的倍增. 质子入射到通道内时, 会与管内表面碰撞放出二次电子. 二次电子在通道内传输时, 会与通道内表面再次碰撞产生大量的二次电子. 这样的过程在通道内不断重复, 最终在通道输出位置形成倍增电子束. MCP 的增益主要由通道长度 l_{mcp} 与通道直径 d_{mcp} 之比 $\alpha_{\mathrm{mcp}} = l_{\mathrm{mcp}}/d_{\mathrm{mcp}}$ 以及通道两端所加的电压有关, 一般情况下, MCP 的增益在 10^4 量级 (取决于加载电压), 其结构图如图 8.14 所示. 为了进行在线测量, 在 MCP 之后需要添加荧光屏, 用于将电子信号转为光信号, 然后将荧光屏发出的可见光通过镜头成像到 CCD 中, 实现在线测量. MCP 的劣势在于相对较高的价格、易受到电磁信号的影响以及需要超高的真空度. 为防止 MCP 被高压击穿, 一般要求真空度低于 1×10^{-4} Pa.

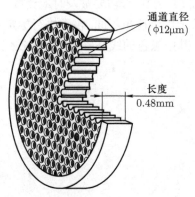

通道直径
($\phi 12\mu m$)

长度
0.48mm

图 8.14　微通道板 (MCP) 结构图[8]

MCP 对不同离子种类以及不同入射角度的响应存在差异, 因此实验中需要对其进行标定. 文献曾报道利用 ^{241}Am 产生的 5.48 MeV α 离子进行标定[9]的方法, 但是这种标定方法只能针对单一能量. 此外, 还可以利用 CR-39 对其进行标定, 通过 CR-39 上记录的离子数目标定 MCP[10,11], CR-39 标定结果如图 8.15 所示.

(5) 闪烁体

与 MCP 类似, 闪烁体也可以实现在线测量. 它是一种有机塑料, 对离子、电子、中子、高能 X 射线和 γ 射线都响应. 粒子入射闪烁体时, 将在其内激发次级电子, 导致激发或电离. 闪烁体在退激的过程中会瞬间发光, 发光前沿时间约为 0.5ns, 发光时间约 1.5ns[12], 因此可以用于离子或者中子能谱的实时测量或者飞行时间法测量[13]. 闪烁体测量能谱范围较宽, 且性能稳定耐冲撞, 对实验条件要求不高, 制作使用简便, 除了测量飞行时间, 还可与汤姆孙谱仪结合使用实时测量激光离子加速中离子的能谱. 闪烁体在医学物理、核物理研究以及天体物理学等方面都具有广

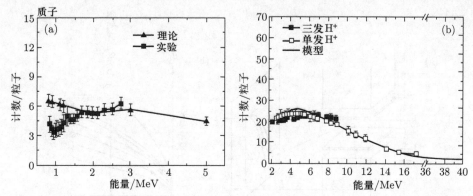

图 8.15 利用 CR-39 分别对低能端 (a) 和高能端 (b) 质子束进行的标定[11]

泛的应用. 经定量研究, 闪烁体虽然灵敏度比 CR-39 和 MCP 低, 例如对于 1.9MeV 的质子探测阈值约为 13×10^2 个/$(50\mu m)^2$ (比 IP 板灵敏度小一个量级), 但是具有近四个数量级的探测范围, 且能线性响应, 更适合于离子辐射强度相对较高的环境. 另一方面, 从测量精度来看, 闪烁体的分辨率比辐射测量中绝大多数仪器的分辨能力都要高, 因此闪烁体的使用不会带来仪器总体分辨率的降低. 闪烁体与 CCD 结合进行实时测量, 具有简便易行的特性, 可望在激光离子测量中得到广泛应用.

在激光离子加速实验中, 需要对离子束的不同性质进行诊断, 一般情况下会多种探测介质配合使用, 以期达到最佳的探测效果.

8.3.2 探测设备

(1) 汤姆孙谱仪

自汤姆孙谱仪 (TPS) 被 Thomson 提出已经近百年, 它起初主要是用于质谱测量, 目前也成为激光驱动离子加速重要的诊断设备[14]. 该谱仪的最大优点在于可以单次测量就获得所有离子种类的能谱分布. 汤姆孙谱仪的原理如图 8.16(a) 所示, 当离子进入谱仪后, 同时受到电场力和磁场力作用, 由于离子入射速度和荷质比不同, 不同种类和能量的离子受到的电磁力存在差异, 从而出射离子的位置不同. 利用离子的位置可判断离子的种类和能量. 在汤姆孙谱仪探测屏上, 大量不同能量不同荷质比的离子会形成一条条抛物线, 如图 8.16(b) 所示.

离子在谱仪中同时受到电场力和磁场力, 可以描述为

$$\boldsymbol{F} = q_i(\boldsymbol{E} + \boldsymbol{v} \times \boldsymbol{B}), \tag{8.3.1}$$

其中, $\boldsymbol{E}$ 是电场强度, q_i 是离子电荷量, $\boldsymbol{v}$ 为入射离子速度, $\boldsymbol{B}$ 为谱仪的磁感应强度. 如图 8.16 (a), 初始时离子沿着 z 方向运动, 电场和磁场方向是 x 方向. 假设电场和磁场是均匀的, 并且长度为 L, 漂移段的长度为 l_f, 带电离子质量为 m_i, 则带电离子在 x 方向和 y 方向的偏移量为

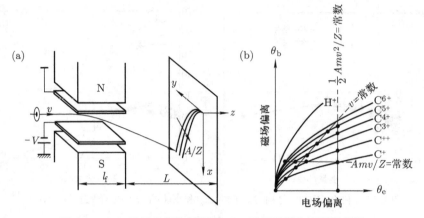

图 8.16　(a) 汤姆孙谱仪原理图; (b) 汤姆孙谱仪探测屏信号

$$x = \frac{q_i E L}{m_i v^2} \left(\frac{L}{2} + l_f \right), \tag{8.3.2}$$

$$y = \frac{q_i B L}{m_i v} \left(\frac{L}{2} + l_f \right), \tag{8.3.3}$$

联立以上 2 个方程, 可以得到抛物线的表达式

$$y^2 = \frac{q_i B^2 L}{m_i E} \left(\frac{L}{2} + l_f \right) x. \tag{8.3.4}$$

对于在特定位置 (x, y) 上的离子, 可以得出该离子的能量 E_{kin} 为

$$E_{kin} = \frac{[q_i B L (L/2 + l_f)^2]}{2m_i} \frac{1}{y^2}. \tag{8.3.5}$$

探测器上空间间隔为 $[y, y + \Delta y]$ 时, 相对应的能量间隔为 $[E_{kin}, E_{kin} + \Delta E_{kin}]$, 由于 $dN/dE_{kin} = \Delta N/\Delta E_{kin}$, 因此可以通过计算间隔为 ΔE_{kin} 内的数目 ΔN, 而获得相应的离子能谱.

(2) 角分辨谱仪

根据荷质比的不同, 汤姆孙谱仪可以将不同种类粒子的数量进行区分, 但是无法获得质子束的角度分布; 而叠层探测器 (见下) 可以得到离子束角度分布, 却无法实现在线测量. 角分辨谱仪则可以实现粒子角分布在线测量.

参见图 8.17, 角分辨谱仪与汤姆孙谱仪是类似的, 有两个不同点: (i) 角分辨谱仪仅有磁场没有电场; (ii) 入射孔由狭缝替代, 且与磁场平行. 计算特定离子在探测介质上的相对位置, 即可获得落在某处位置上特定离子比如质子的能量.

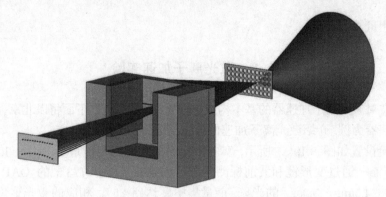

图 8.17 角分辨谱仪在激光加速实验中的应用[15]

(3) 叠层探测器

尽管汤姆孙谱仪可以在线获得单发离子能谱, 但通常情况下汤姆孙谱仪的接收角是 μsr 量级, 仅有少量的离子被谱仪接收. 所以, 离子的空间分布、激光到离子的转换效率、离子源尺寸、发散角和偏离角等参数是无法通过汤姆孙谱仪直接获得. 因此, 一般使用包含 RCF 和 CR-39 的叠层探测器来获得这些参数. 叠层探测器中主要通过离子在不同层中的能量沉积来获取离子束信息. 由于离子的能量损失过程会呈现布拉格峰, 可以单次测量得到不同能量离子的空间和能量分布, 进一步地, 还可以利用反卷积算法, 分析不同叠层 RCF 的能量沉积, 得到离子能谱信息, 具体的反演算法可见文献[7]. 通常可以利用 SRIM[16] 程序计算不同叠层方式离子沉积情况, 从而设计合适的叠层方式. 实验中常将汤姆孙谱仪与叠层探测器配合使用. 图 8.18 (a) 是常用的一种叠层方式, (b)—(d) 是不同型号的 RCF, 可满足不同

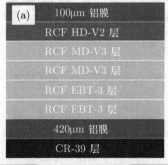

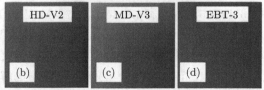

图 8.18 (a) 叠层探测器的叠层方式; (b)—(d): 不同型号的 RCF

的剂量测量需求.

8.4 激光离子加速实验

前文对激光离子加速器的基本构成进行了简单的介绍, 下面将以北京大学激光离子加速器为例, 介绍激光离子加速的典型实验.

实验设置如图 8.19(a) 所示, 实验中应用的激光到靶能量为 ~ 1.6 J, 脉冲宽度为 30 fs. 通过变形镜和波前探测器进行优化后, 利用 $f/3.5$ 的 OAP 聚焦可以获得约 $4.5\mu m \times 5.3\mu m$ 的光斑, 能量集中度达到 25%, 相应的激光聚焦强度为 $8.3 \times 10^{19} W/cm^2$, 归一化强度 $a_0 = 6.2$. 使用的靶材为 $0.8 \sim 6\mu m$ 的铝膜.

一般情况下, 汤姆孙谱仪和叠层探测器用于诊断质子最高能量、质子能谱和质子束空间分布. 离子经过谱仪分析后, 用 MCP 作为探测屏, 通过镜头对 MCP 成像, 利用电子增益 16-bit CCD(EMCCD) 读取探测屏信号, 在线获得实验结果. 在 MCP 前贴有 30 μm Al 膜, 用于阻挡透射激光和低能碳离子. 谱仪放置在距离靶体 140mm 位置, 接收角为 1.6×10^{-6}sr. 叠层探测器放置在距离靶体 40mm 的位置, 为了保证能探测到不同能量的质子信号, 采用了 3 种型号不同灵敏度的 RCF (HD-V2, MD-V3, EBT-3).

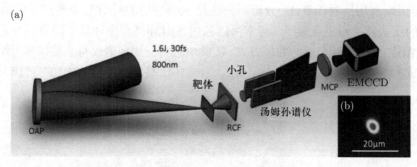

(a)

图 8.19 (a) 实验设置, 激光 30° 入射到靶体; (b) 激光焦斑 (FWHM) 为 $4.5\mu m \times 5.3\mu m$[17]

图 8.20 是实验中金属靶得到的典型实验结果, 靶为厚度为 2.5 μm 的铝靶. 其中, (a)—(c) 是 RCF 叠层测量结果, 其中白色虚线为靶体法线方向, 利用 SRIM 程序[16]计算质子在叠层探测器不同层中的能量沉积, 可以得到三片 RCF 上的主要沉积质子能量分别为 4.6MeV, 5.9MeV 和 7.9MeV. 在 7.9 MeV 的 RCF 层上仍有明显的质子信号, 对应质子束的电量为 5 pC. (d) 图为汤姆孙谱仪和 RCF 测量的质子能谱, 其中曲线是从汤姆孙谱仪探测到的能谱, 可以看出质子束的截止能量已经达到了 10.2 MeV, 散点是根据 RCF 标定结果和文献[7]中报道的解谱方法得到的特定质子的数目. (e) 图则是由 (a)—(c) 的质子束空间分布计算的不同能量质子束的发

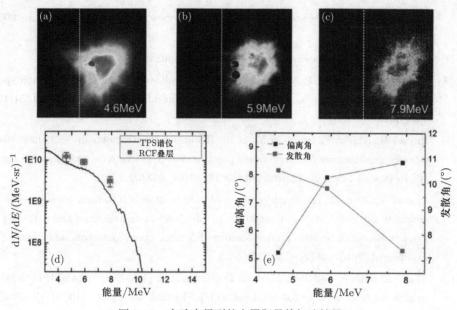

图 8.20　实验中得到的金属靶最佳加速结果

散角和偏离角.

参 考 文 献

[1] 耿易星. 超短超强激光离子加速实验研究 [D]. 北京: 北京大学, 2017.

[2] Choi I W, Jeon C, Lee S G, et al. Highly efficient double plasma mirror producing ultrahigh-contrast multi-petawatt laser pulses [J]. Opt. Lett., 2020, 45(23): 6342-6345.

[3] Rödel C, Heyer M, Behmke M, et al. High repetition rate plasma mirror for temporal contrast enhancement of terawatt femtosecond laser pulses by three orders of magnitude [J]. Applied Physics B, 2011, 103(2): 295-302.

[4] Nomura Y, Veisz L, Schmid K, et al. Time-resolved reflectivity measurements on a plasma mirror with few-cycle laser pulses [J]. New Journal of Physics, 2007, 9(1): 9-9.

[5] Tang Y, Hooker C J, Chekhlov O V, et al. Novel contrast enhancement of Astra-Gemini laser facility [C]//CLEO: 2013. IEEE, 2013: 1-2.

[6] 伍波, 董克攻, 吴玉迟, et al. 利用 CR-39 上的径迹鉴别激光加速离子产物 [J]. 强激光与粒子束, 2013, 25(2): 381.

[7] Nürnberg F, Schollmeier M, Brambrink E, et al. Radiochromic film imaging spec-

troscopy of laser-accelerated proton beams [J]. Review of Scientific Instruments, 2009, 80(3): 033301.

[8]   http: //www.hamamatsu.com.cn/product/17103.html [Z].

[9]   Sakabe S, Mochizuki T, Yamanaka T, et al. Modified Thomson parabola ion spectrometer of wide dynamic range [J]. Review of Scientific Instruments, 1980, 51(10): 1314-1315.

[10] Prasad R, Abicht F, Borghesi M, et al. Thomson spectrometer-microchannel plate assembly calibration for MeV-range positive and negative ions, and neutral atoms [J]. Review of Scientific Instruments, 2013, 84(5): 053302.

[11] Prasad R, Doria D, Ter-Avetisyan S, et al. Calibration of Thomson parabola—MCP assembly for multi-MeV ion spectroscopy [J]. Nuclear Instruments and Methods in Physics Research Section A: Accelerators, Spectrometers, Detectors and Associated Equipment, 2010, 623(2): 712-715.

[12] Flacco A, Sylla F, Veltcheva M, et al. Dependence on pulse duration and foil thickness in high-contrast-laser proton acceleration [J]. Physical Review E, 2010, 81(3): 036405.

[13] Ogura K, Nishiuchi M, Pirozhkov A S, et al. Proton acceleration to 40 MeV using a high intensity, high contrast optical parametric chirped-pulse amplification/Ti: sapphire hybrid laser system [J]. Opt. Lett., 2012, 37(14): 2868-2870.

[14] 李成钰. 在线汤姆森离子能谱仪设计研究及其在激光离子加速中的应用 [D]. 北京: 北京大学, 2014.

[15] Florian L. Online diagnostics for laser accelerated ions and electrons [D]. Munchen: Ludwig-Maximilians-University at Munchen, 2015.

[16] Ziegler J F, Biersack J P. The stopping and range of ions in matter [M]. Boston, MA: Springer, 1985: 93-129.

[17] Geng Y X, Liao Q, Shou Y R, et al. Generating proton beams exceeding 10 MeV using high contrast 60 TW laser [J]. Chinese Physics Letters, 2018, 35(9): 092901.

[18] Platt B C, Shack R. History and principles of Shack-Hartmann wavefront sensing [J]. Journal of Refractive Surgery, 2001, 17(5): S573-S577.

[19] Bon P, Maucort G, Wattellier B, et al. Quadriwave lateral shearing interferometry for quantitative phase microscopy of living cells[J]. Optics Express, 2009, 17(15): 13080-13094.

第 9 章 束流传输系统简介

激光加速产生的离子束通常具有能散大 (100%)、散角大 (~ 30°) 和峰值电流大 (安培量级) 等特点. 激光离子加速的理论及实验已经取得了大量进展, 许多提高离子能量、改善离子单能性的新机制也相继被提出, 但目前实验中激光加速直接产生的离子束的能量和品质还达不到肿瘤治疗等应用的需求. 对产生的离子束流进行可控的调节和传输, 不仅能够有助于解决激光加速束流在能散、稳定性、可靠性等方面的问题, 更是激光加速束流走向应用的一个重要环节, 从而真正实现从 "激光加速" 到 "激光加速器" 的转变.

在针对激光加速离子束的束流输运系统设计中, 首先要有聚焦元件以高效地捕获大散角离子束流, 同时实现一定的束流准直性. 其次还要有能量分析元件, 以获得单能离子束. 针对单能粒子束的传输, 传统加速器的束流输运系统的理论和应用都已经成熟. 然而, 当用于激光驱动产生的大能散、大散角强流离子束传输时, 传统束流输运系统就面临着新的挑战.

本章将首先介绍激光加速系统中所用到的主要束流传输知识以及一些已被报道的激光离子束流传输设计, 然后结合北京大学激光质子加速器 (CLAPA) 束流输运系统的设计和束流实验的结果, 进一步详细介绍激光离子束输运系统的设计思路和方法.

9.1 束流物理基础

束流物理学, 是描述带电粒子束形态和运动规律的学科. 束流物理学完整的研究范围包括: 束流形态和运动规律、束流与电磁波的相互作用和能量转换、束流与物质的相互作用、束流内部粒子之间的相互作用、束流之间通过环境相互产生的影响, 以及束流中粒子状态变化等多个方面. 激光加速的束流传输主要侧重于束流光学部分: 研究如何利用电磁场约束及控制带电粒子束的运动, 使粒子按照设计好的轨迹进行传输. 其侧重点不在于粒子能量的变化, 而在于约束粒子的轨迹, 如控制粒子束的偏转、聚焦、发散、发射度增长和成像等束流操作. 束流光学的研究过程与光学传输具有一定的相似性, 但相较传统光学更为复杂.

在传统加速器中, 束流纵向运动具有能量变化、相位变化、束团稳定性等多方面的问题需要研究. 对于激光加速器, 虽然光压加速过程存在显著的纵向聚束过程, 但是在后续束流输运系统中, 离子束流通常是一次通过, 束流纵向运动变化比较简单. 因此, 对于激光加速器束流输运系统而言, 通常不将纵向运动作为研究重点, 而是将束流横向运动作为主要的研究问题.

9.1.1　相空间和发射度

在束流光学中, 通常会把带电粒子束作为一个整体来进行研究. 为了更好地描述带电粒子运动状态, 首先需要给出相空间的概念. 对于在三维笛卡尔坐标系 $Oxyz$ 中运动的带电粒子, 当确定了某一个粒子的三个位置坐标 x, y, z 和三个动量分量 p_x, p_y, p_z 后, 粒子的运动状态就会被完全确定. 由这组三维位置坐标和三维动量坐标所组成的六维空间就叫做相空间. 用六维相空间中的点可以表示出任何一个粒子的任何运动状态.

当描述粒子在某一纵向位置 $z = z_i$ 处的某个截面上的运动状态时, 六维相空间可以简化为 x, y, p_x, p_y 组成的四维相空间. 对于在 x, y 两个方向上运动不耦合的粒子束, 又可以用两个独立的二维相平面来描述. 对于束流截面为圆形的旋转对称束而言, 则进一步用 r, p_r 构成的二维相平面就可以描述粒子的横向运动状态.

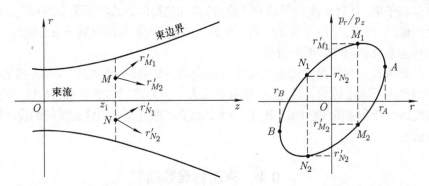

图 9.1　在 $z = z_i$ 粒子束截面处粒子运动状态的相图

图 9.1 右图中 AB 示意纵向位置在 z_i 处的束流截面的边界. 其中, $M_1 M_2$ 上的点表示 $z = z_i$ 处束流截面中离束轴为 r_M 的 M 点处所有粒子的运动状态; 而 $N_1 N_2$ 上的点则代表束流中心轴为 r_N 的 N 点处所有粒子的运动状态. 因此, 相图中椭圆内的各点就可以代表 $z = z_i$ 处束流截面上全部粒子的运动状态. 这个椭圆称为粒子束在 $z = z_i$ 处的发射相图. 它所包围的面积被定义为发射度相空间面积 (以下简称相面积). 由椭圆边界所确定的横坐标 r_A, r_B 表示束流的径向尺寸, 而椭圆边界的最大纵坐标, 则可以表示束流的空间立体角. 束流发射度通常定义为束流的相空间面积 A 与 π 的比值, 可用下式表示, 一般所用的单位为 m·rad, cm·rad 或 mm·mrad:

$$\varepsilon = \frac{A}{\pi}. \tag{9.1.1}$$

　　然而对于实际的束流而言, 粒子一般都不是均匀分布, 也很难界定边界的具体位置. 所以在实际测量和计算中采用均方根发射度 (root-mean-square emittance), 其定义如下:

$$\varepsilon_{\mathrm{rms}} = \sqrt{\langle x^2 \rangle \langle x'^2 \rangle - \langle x \cdot x' \rangle^2}. \tag{9.1.2}$$

　　考虑到不同能量粒子束发射度的可对比性, 去除束流速度对发射度大小的影响, 有归一化均方根发射度 (normalized root-mean-square emittance), 定义为

$$\varepsilon_{\mathrm{n,rms}} = \beta\gamma\sqrt{\langle x^2 \rangle \langle x'^2 \rangle - \langle xx' \rangle^2}, \tag{9.1.3}$$

其中 β 为粒子归一化速度, γ 为相对论因子.

　　传统发射度定义方法通常适用于准单能束流, 其中粒子的能量与角度无耦合. 但是这对于激光质子束来说并不成立. 对于激光驱动离子束, Migliorati 等人[1]提出归一化均方根发射度的扩展形式:

$$\varepsilon_{\mathrm{n,rms}} = \sqrt{\langle x^2 \rangle \langle (\beta\gamma x')^2 \rangle - \langle x\beta\gamma x' \rangle^2}. \tag{9.1.4}$$

　　该公式统计了不同粒子的能量差异, 同时适用于传统加速器和激光加速器. 考虑到实验测量过程中可能存在误测量的情况, Floettmann 等人[2]提出了两种发射度定义, 第一种为归一化相空间 (x, p_x) 均方根发射度:

$$\begin{aligned} \varepsilon_{\mathrm{n,rms}} &= \sqrt{\langle x^2 \rangle \langle (\beta\gamma x')^2 \rangle - \langle x\beta\gamma x' \rangle^2} \\ &= \frac{1}{m_0 c}\sqrt{\langle x^2 \rangle \langle p_x^2 \rangle - \langle xp_x \rangle^2}, \end{aligned} \tag{9.1.5}$$

其中 m_0 为粒子质量. 该发射度定义在离子束前向传输 $(p \approx p_z)$ 的情况下与 Migliorati 等人提出的发射度扩展公式相等. 第二种为归一化迹空间 (xx') 发射度:

$$\begin{aligned} \varepsilon_{\mathrm{n,tr,rms}} &= \frac{\overline{p_z}}{m_0 c}\sqrt{\langle x^2 \rangle \langle x'^2 \rangle - \langle xx' \rangle^2} \\ &= \frac{\overline{p_z}}{m_0 c}\sqrt{\langle x^2 \rangle \left\langle \left(\frac{p_x}{p_z}\right)^2 \right\rangle - \left\langle x\frac{p_x}{p_z} \right\rangle^2}. \end{aligned} \tag{9.1.6}$$

　　可以看到, 在加入能散耦合项后, 不同能量的粒子束流由于在相空间旋转而分散开来, 导致发射度增长, 归一化相空间均方根发射度在这里显然不再是一个守恒量; 而归一化迹空间发射度在漂浮空间中总是守恒的. 值得指出的是, 归一化迹空间发射度没有明确的物理意义.

　　根据归一化相空间均方根发射度的定义, 忽略能量与横向角度的耦合, 可进行如下推导:

$$\begin{aligned} \varepsilon &= \langle x^2 \rangle \langle \beta^2\gamma^2 x'^2 \rangle - \langle x\beta\gamma x' \rangle^2 \\ &= \langle \beta^2\gamma^2 \rangle \langle x^2 \rangle \langle x'^2 \rangle - \langle \beta\gamma \rangle^2 \langle xx' \rangle^2 \end{aligned}$$

$$= (\langle \beta^2 \gamma^2 \rangle - \langle \beta \gamma \rangle^2) \langle x^2 \rangle \langle x'^2 \rangle + \langle \beta \gamma \rangle^2 (\langle x^2 \rangle \langle x'^2 \rangle - \langle xx' \rangle^2), \tag{9.1.7}$$

考虑到初始发射度定义

$$\varepsilon_0^2 = \langle x^2 \rangle \langle x'^2 \rangle - \langle xx' \rangle^2, \tag{9.1.8}$$

最终

$$\varepsilon = (\beta^2 \gamma^2 - \langle \beta \gamma \rangle^2) \langle x^2 \rangle \langle x'^2 \rangle + \langle \beta \gamma \rangle^2 \varepsilon_0^2, \tag{9.1.9}$$

其中等式右边第二项对应于常规加速器中的归一化均方根发射度, 是一个守恒量; 而等式右边第一项为激光加速器束流特有的增加项. 对大能散粒子束而言, 可以清楚地看到发射度是不守恒的. 该能散和散角导致的发射度增长已经在模拟中得到了验证[3], 并在激光质子束发射度测量实验中被观测到[4]. 相关的发射度增长在激光驱动的电子束流研究中也有报道[37].

9.1.2 束流横向运动

激光加速器装置中, 激光加速产生的束流具有大发散角和大能散的特点, 并且能量和散角具有一定的耦合. 这使得束流输运系统中的横向运动稳定问题变得尤为重要. 通常激光加速器束流输运系统中的横向聚焦分别来自磁场聚焦和电场聚焦, 其中电场聚焦更适用于能量较低的离子束流. 现有的激光加速器束流输运系统多以磁场聚焦为主.

在传统加速器物理的基础上, 粒子横向运动的轨道方程如下[5,6]:

$$\begin{cases} \dfrac{\mathrm{d}^2 x}{\mathrm{d}s^2} + (1-n)\dfrac{x}{\rho^2} = 0, \\[2mm] \dfrac{\mathrm{d}^2 z}{\mathrm{d}s^2} + n\dfrac{x}{\rho^2} = 0, \\[2mm] n = -\dfrac{r}{B}\dfrac{\partial B}{\partial r}, \end{cases} \tag{9.1.10}$$

其中 n 为磁场降落系数, 也称磁场对数梯度, 是表示磁场随半径变化的参数, 可用磁场强度和磁铁半径表示. 上式的解可以表示为

$$\begin{cases} x = \sqrt{x_i^2 + \dfrac{\gamma_{xi}^2 \rho_i^2}{1-n}} \cos\left(\dfrac{\sqrt{1-n}}{\rho}s + \varphi_x\right) + x_c, \\[4mm] z = \sqrt{z_i^2 + \dfrac{\gamma_{zi}^2 \rho_i^2}{n}} \cos\left(\dfrac{\sqrt{n}}{\rho}s + \varphi_z\right), \end{cases} \tag{9.1.11}$$

其中 $(x_i, \gamma_{xi}), (z_i, \gamma_{zi}), \rho_i$ 分别是带电粒子进入加速器中的初始位置、初始入射角和初始轨道曲率半径, ρ 和 φ_x, φ_z 表示粒子的轨道曲率半径和初始相位, x_c 是由于带电粒子具有动量分散 Δp 所引起的轨道分散, 可用下式表示:

$$\begin{cases} x_{\text{c}} \approx \dfrac{\rho}{1-n}\dfrac{\Delta p}{p}, \\ \rho = \dfrac{\sqrt{W(W+2\varepsilon_0)}}{cqB}, \end{cases} \tag{9.1.12}$$

其中 W, ε_0, q 分别为粒子的总能量、静止能量和电荷量. 可以看出当粒子能量很高时, 粒子运动的曲率半径 ρ 很大. 这将导致较大的粒子横向运动振幅, 加之动量分散项进一步使横向运动振幅增大. 如果不能对离子束流进行有效的控制, 束流将很快丢失在真空管道中.

从光学传播获得启发: 一束光在光学透镜系统中传播时, 凹凸透镜将对光束起着散焦和聚焦作用, 对它们进行适当地排列组合可以使整个传输系统形成一个很好的聚焦系统. 如果将粒子束类比为光束, 将具有正负磁场降落梯度的磁铁类比为交替排列于粒子轨道之上的凹凸透镜, 则粒子在其间传播时, 也能通过恰当地排列磁铁达到很好的聚焦传输效果. 这种理论即为束流强聚焦原理, 如今已广泛应用于各种常规射频加速器中, 也同样适用于激光驱动粒子束流的传输设计.

在实际设计过程中, 通常根据束流本身的特点, 以及束流输运系统的不同需求, 灵活地选择不同的聚焦结构. 表 9.1 列出了一些比较常见的束流聚焦元件[5]. 在常

表 9.1　常见束流聚焦元件比较

聚焦元件	焦距	图示
四极透镜	$f_x = \dfrac{1}{GL}, f_y = \dfrac{-1}{GL}$	
静电透镜	$f = \dfrac{1}{\dfrac{1}{8\sqrt{V}}\displaystyle\int_{z_0}^{z_1}\dfrac{V'^2}{V^{3/2}}\mathrm{d}z}$	
螺线管	$f = \dfrac{1}{\dfrac{e^2}{4p^2}\displaystyle\int_{z_0}^{z_1}B(z)^2\mathrm{d}z}$	

注: G: 四极透镜场梯度; L: 四极透镜中心之间的距离; V: 静电透镜的电势; p: 离子的正则动量; B: 螺线管场强.

规加速器设计过程中, 还经常将传输元件转化为矩阵的形式用于表示束流传输过程中的线性光学变化, 但对于激光加速器, 由于能散大, 束流相空间畸变比较严重, 还需要考虑高阶传输矩阵, 束流传输矩阵的分析方法仅能作为参考. 这里不做更深入介绍.

从表 9.1 可以看到, 螺线管和静电透镜是轴对称的, 在 XY 方向上的聚焦效果相同. 但是构成四极透镜的四极磁铁只能做到一个方向聚焦, 另一个方向散焦. 所以四极磁铁需要多个组合使用才能使两个方向都聚焦.

9.1.3 束流色散函数和能散影响

对于激光加速所产生的粒子束, 在束流传输系统的设计中还涉及的一个重要的物理量是色散函数. 在粒子束传输过程中, 通常需要指定一个给定能量的离子束作为参考粒子, 这个参考粒子具有全部束流的平均能量或者中心能量. 与中心能量具有能量偏差的粒子在磁场作用下发生偏转时, 偏转的角度将与参考粒子不同. 一束具有一定能量分布的粒子经过偏转磁场时, 偏离中心能量的粒子将受到一个对动量的角度的扰动 $\theta \Delta p/p_0$, 从而将纵向能量分散投影到横向尺度上. 这种特性常用于传统加速器束流能量分析, 同时也应用于激光加速器的后续能量选择系统中.

在考虑了高阶小量后, 粒子横向运动方程 (9.1.10) 还可以写成如下形式:

$$x'' - \frac{\rho + x}{\rho^2} = -\frac{B_y}{B\rho} \left(1 + \frac{x}{\rho}\right)^2. \tag{9.1.13}$$

根据上式, 具有动量 p 的非理想粒子运动方程则可以写成

$$x'' - \frac{\rho + x}{\rho^2} = -\frac{B_y}{B\rho} \left(1 + \frac{x}{\rho}\right)^2 \frac{p_0}{p}. \tag{9.1.14}$$

在考虑了使粒子运动轨迹发生偏转的二极场后, 引入随横向位置线性变化的四极场, 有

$$B_y = B_0 + B'x. \tag{9.1.15}$$

将其代入非中心粒子的运动方程 (9.1.14) 中, 整理后忽略 x/ρ 的高阶项, 可以得到

$$x'' + \left(\frac{1}{\rho^2}\frac{2p_0 - p}{p} + \frac{B'}{B\rho}\frac{p_0}{p}\right)x = \frac{1}{\rho}\frac{\Delta p}{p}, \tag{9.1.16}$$

其中 $\Delta p \equiv p - p_0$. 对于具有动量偏差的粒子, 由动量偏差 Δp 所引起的粒子轨道变化可以用下式表示:

$$\begin{cases} x = x_0 + D_x \dfrac{\Delta p}{p}, \\[2mm] D_x'' + \left(\dfrac{1}{\rho^2}\dfrac{2p_0 - p}{p} + \dfrac{B'}{B\rho}\dfrac{p_0}{p}\right) D_x = \dfrac{1}{\rho}, \end{cases} \tag{9.1.17}$$

其中 D_x 为色散函数, x 和 x_0 分别为有色散作用下及无色散作用下粒子距离中心粒子的距离. 可以看出, 色散作用于束流之上, 使得束流横向纵向发生耦合, 束流动量分散将直接导致束流横向包络的增长, 对于束流整体而言, 束流横向包络在色散作用下的变化可以表示为

$$a_x = \sqrt{a_{x,0}^2 + \left(D_x \frac{\Delta p}{p}\right)^2}. \qquad (9.1.18)$$

在六维相空间中, 横向纵向的耦合作用并不会使六维相空间体积增加, 但会改变投影空间的发射度, 从而导致束流包络的增加. 如果束流在经过弧区后还具有色散, 又会使束流的位置对束流中心能量的抖动很敏感, 大大降低束流传输系统的接受度. 在传统加速器中束流输运线设计通常会尽量采用消色散设计. 激光加速器束流输运系统由于其本身束流就具有大动量分散的特点, 对于色散会非常敏感. 但目前已建成的激光加速传输系统由于传输距离短, 同时又不具有非常严格的束流控制传输要求, 所以多数仅采用一些简单的传输单元进行设计. 从色散的表达式 (9.1.17) 中可以看出, 色散函数在偏转磁场之外的空间内, 色散函数的变化类似于偏轴粒子的水平位移的变化规律. 因此可以通过将弧区内的磁铁按照一定的规律排列形成局部消色散结构, 即将色散函数限制在只出现在束流输运系统中的某一段, 或者仅出现在偏转段中, 而在束流输运过程中的大部分情况将色散函数控制为 0, 以减小色散和能散对于束流传输的影响.

9.1.4 Barber 定则

偏转磁铁是最常用的能量分析元件. 它的磁场强度、偏转半径、偏转角度、边缘角等都会影响粒子的偏转行为. 要想从不同能量或者不同种类的混合粒子束中选出某个能量范围内的粒子, 首先需要将不同能量的粒子在空间上分开. 为了提高激光驱动粒子束流的利用效率, 最好还能将相同能量的离子聚集起来. 而扇形磁铁在这方面具有一定的优势, 非常适合应用在激光加速离子传输束流输运系统中. 对于没有边缘角的扇形磁铁, 粒子束的行为符合下述 Barber 定则: 如果粒子束在 x 方向的束腰与物点重合, 在像点处就可以实现相同能量的粒子聚集而不同能量的粒子在 x 方向分开. Barber 定则里的物点和像点的设定是扇形磁铁最重要的参数.

参见图 9.2, Barber 定则可表述为: 对于边缘角为零的均匀磁场偏转磁铁, 在径向平面内, 磁铁的物点、参考轨道的曲率中心和像点一定位于同一条直线上. 这要求物距、像距必须满足一定的几何关系. 通俗地说, 粒子源或束腰在偏转磁铁的物点处垂直入射, 相同能量不同散角的粒子偏转后在像点处汇聚, 过了像点相同能量的粒子就开始发散, 导致与其他能量质子束的混合, 进而导致选能的不精确. 经过偏转, 不同能量的质子很容易分开, 只要相同能量的质子在像点处聚集, 即能实现

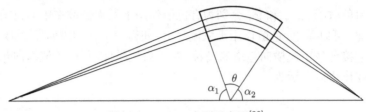

图 9.2　Barber 定则示意图[38]

比较精确的选能. 在像点处不同能量的质子分开、相同能量的质子汇聚后, 即可以设置狭缝, 通过狭缝开口大小的控制, 选择让特定能量范围的质子通过. 实际上不同能量的粒子经偏转磁铁会有动量发散, 偏转半径不同, 像点位置也不同. 因此, 在实际设计中通常不考虑不同能量粒子像点位置的不同, 仅以中心能量的粒子的像点位置为准, 设置狭缝选择能量范围, 即常见的一维狭缝. 一维狭缝在大能散的束流选能时不够精确, 但在机械加工和实际操作时会更方便.

9.2　激光加速束流输运系统常用元件

9.2.1　束流聚焦元件

　　激光加速产生的离子束团尺寸在 μm 量级, 但发散角可能高达几度到几十度. 因此, 需要仔细考虑大角度离子束的收集方案. 在现有的激光加速束流传输系统设计中, 应用最多的聚焦元件是四极透镜和螺线管. 由四极磁铁组成的二元透镜或三元透镜, 在激光加速电子或离子的收集中应用广泛. 与四极磁铁不同, 螺线管在横向的两个方向都能对粒子进行聚焦, 通常更有利于接收大散角的粒子束, 脉冲或超导螺线管也因此也被广泛研究[7-10].

　　应用强聚焦原理的四极磁铁在一个方向产生较强的聚焦力, 在另一个方向产生散焦力. 两个或三个四极磁铁组成的四极透镜在合适的磁场参数下可以实现横向内的两个方向都聚焦. 1998 年 Dewa 将四极透镜用于聚焦激光尾场加速产生的高能电子[11], 此后四极透镜大量用于激光驱动电子束的聚焦和传输[12-14]. Schollmeier 等人在 2008 年首次报道了将永磁四极透镜应用于激光加速离子束的聚焦和传输[15]. 如图 9.3 所示, 永磁四极透镜 (PMQ) 孔径对应约 ±15 mrad 的发散角, (14 ± 1) MeV 的质子束被四极透镜收集后, 在距离靶 50 cm 的 RCF 上大约有 0.1% 的质子被探测到, 聚焦后这个能量范围内的质子密度增加了 75 倍, 这说明四极透镜虽然收集效率不高, 但还是有较强的聚焦能力.

　　Nishiuchi 等人[16] 在 2009 年也用永磁二元四极透镜做过类似的研究工作, 布局如图 9.4 所示.

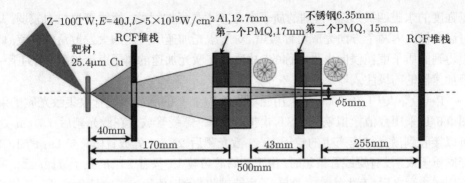

图 9.3　二元四极透镜收集激光加速离子束的示意图[15]

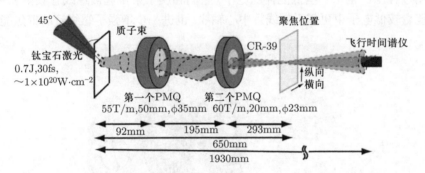

图 9.4　二元四极透镜收集激光加速质子束, 用 CR-39 在不同位置测横向质子分布[16]

在这个实验中, 用 CR-39 在距离激光靶 450, 550, 650, 750, 850 和 927 mm 处测量质子束经过聚焦后在横向平面内的分布, 如图 9.5 所示. 可以看到在距离激光靶 650 mm 处, 质子束束斑最小, 即束流在这里成腰. 在此之后, 质子束开始发散.

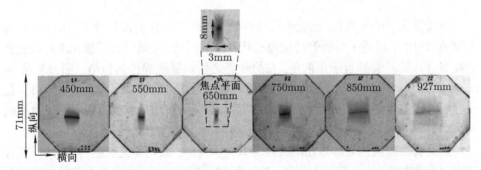

图 9.5　用 CR-39 在距离激光靶 450, 550, 650, 750, 850 和 927 mm 处测量质子束在横向平面内的分布

可以看出, 四极透镜聚焦力较强, 但在横向内对称性不好. 尤其是很难调节磁

场强度的永磁四极透镜, 得到的质子束分布不是径向对称. 螺线管聚焦力较弱, 却可以在横向内两个方向完成对称聚焦, 对于激光加速所产生的大发散角对称束, 收集得到的质子束在横向也是对称的, 故适合在激光加速的离子束聚焦后, 作为下一级加速器的前级注入器.

Roth 等人[17] 在 2009 年采用磁场强度为 8 T 的脉冲螺线管收集激光质子束, 图 9.6 是采用数值模拟软件 CST 模拟的结果. 螺线管放置在激光靶后 1.7 cm 处, 可以接收到激光加速产生的粒子束, 在激光靶后 24 cm 处放置(5 × 5) cm 的 RCF 探测质子束. 没有螺线管聚焦时, 由于初始散角较大, 只有23%的质子被探测到. 在使用螺线管之后, 有大约81% 的粒子束能被收集到. 值得一提的是激光等离子体相互作用过程中产生了一些低能伴随电子, 它们和质子束一起被螺线管收集和聚焦, 由于能量较低电子束更靠近螺线管中心轴线, 也进一步增强了螺线管的聚焦能力.

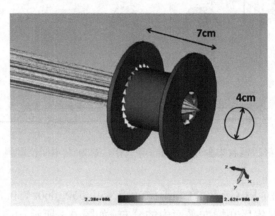

图 9.6　CST 模拟螺线管准直质子束. 螺线管长 7 cm, 内直径 4 cm. 8 T 的磁场强度准直
2.5 MeV 的质子束.[17]

螺线管除了能够聚焦, 还能够借助色差效应进行一定的能量分析. Hofmann 等人[18]在 2012 年报道了螺线管搭配圆孔状狭缝的设计, 在螺线管与激光之间设置狭缝控制进入螺线管的粒子束散角, 在螺线管之后设置狭缝控制包络. 图 9.7 是 50 mrad 的散角内中心能量 200 MeV 的质子束经过螺线管聚焦和能量分析, 再经过狭缝后的能谱和横向离子密度分布, 可以看到螺线管聚焦后越靠近中心离子密度越大.

螺线管在横向内对称聚焦的特点是其一大优势, 激光加速产生的离子束, 在经过横向聚焦的同时, 令其经过射频 (RF) 腔进行能谱压缩, 可以作为传统加速器的前级注入. Teng 等人[19]在 2013 年报道了通过螺线管和射频腔的组合来对激光驱动的质子束流进行能谱压缩, 装置如图 9.8 所示. 研究结果显示经过螺线管聚焦后, 散角小于 12° 的质子束能够完全被射频腔捕获, 射频腔体中的电场能够将束流中心

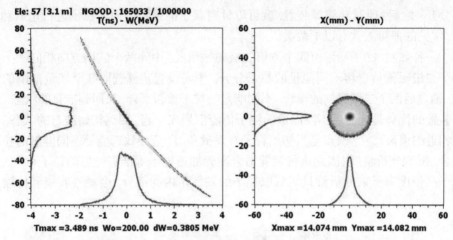

图 9.7 经过能量分析选择后的能谱 (左) 与 XY 平面内的密度分布 (右)[18]

能量附近一定能散范围内的束流压缩到 2.5% 的准单能能散.

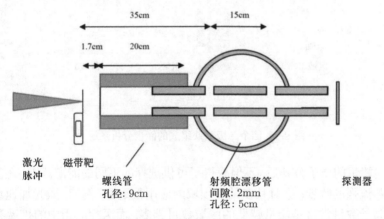

图 9.8 激光加速离子束后用螺线管准直, 用射频 (RF) 腔对于中心能量附近的束流能散进行压缩[19]

上述两种各有特点的聚焦元件, 均可用于激光加速所产生束流的收集工作. 随着激光加速束流传输研究的深入, 结合实际的工程化的激光加速装置的束流输运系统设计, 可以根据两种元件各自的特点将它们结合起来使用.

9.2.2 束流偏转元件

激光离子束收集聚焦后, 常常需要进行能量分析, 以选出符合应用要求的单能束团. 最常用的选能元件是偏转分析磁铁, 其原理如前所述: 利用不同能量的带电粒子在磁场中的偏转半径不同, 经过一定角度的偏转后, 不同能量的粒子在空间上

被分开. 之后, 通过狭缝等装置, 就可以针对某个能量范围内的粒子进行选取和分析. 常见的偏转磁铁有以下两类:

一种如图 9.9 所示, 由四个方形二极磁铁组成, 中间两个磁场方向相同[20]. 前两个二极磁铁负责将不同能量的粒子分开, 中间设置狭缝选取某个能量范围的粒子. 通过后两个二极磁铁的偏转, 不同能量的粒子重新汇合, 又回到准直的状态. 这种装置的优势是选能后不同能量的粒子仍能汇聚在一起, 回到初始准直的状态, 保持相近的束斑尺寸. 缺点是当初始粒子有发散角时, 会导致选能处不同能量的粒子混合, 影响分析精度. 因此这种装置适合激光加速电子等准直性好的粒子束. 如果用于高精度离子束分析就只能截取很小的发散角内的部分, 会牺牲收集和传输效率.

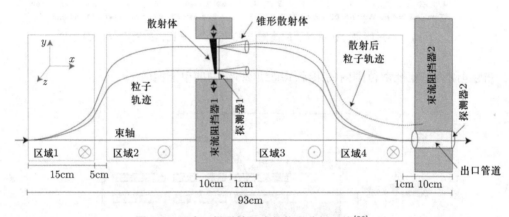

图 9.9 四个二极磁铁组成的能量分析系统[20]

不同能量的质子分开后, 不但获得了可供选择的不同的能谱范围, 还实现了质子数目和流强的改变, 这对其在某些领域的应用很重要. 例如, 激光加速离子束的能谱中离子数目常常是能量越低的区域数目越多, 而医疗应用中的扩展布拉格峰 (SOBP) 要求高能区的离子数目较多, 而且不同深度的肿瘤需要不同的离子能谱范围. 因而在这种装置的基础上, Schell 等人[21]提出了在选能处放置不同厚度的能量吸收片以及散射锥, 将能谱进行整形. 这种方法可以通过吸收片拓展能量范围, 但使用散射锥减少低能区粒子数目时, 缺乏能针对不同深度的扩展布拉格峰作灵活调节的可预见性和可操作性.

还有一种常见的能量分析元件是偏转一定角度的扇形磁铁, 它通常与四极透镜[22]或螺线管组合起来传输束流. 扇形磁铁在径向具有聚焦作用, 物距和像距由 9.1.4 小节介绍的 Barber 定则确定, 经过偏转后相同能量不同散射角的粒子在像点处汇聚, 不同能量的粒子在空间上分开, 因此可以对大散角粒子束进行能量分析. 在实际设计中, 还需要根据实际工程需求选择束流均匀化系统等一些更为复杂的束流操纵元件完成束流输运系统的最终设计.

9.2.3　束流诊断器件

　　束流输运系统能够实现对大能散、大散角的质子束的聚焦和能量分析, 但还是缺乏对束流的诊断, 如束团是否偏离中心轨道、质子束团电量多少、束团形状等信息. 激光加速输运系统的束流诊断的基本排布原则与传统加速器类似, 而实际设置情况则根据需求有相应调整. 当下建成的束流输运系统, 在考虑束流诊断排布时基本从束流位置、束流流强、束团形状等角度出发. 下面介绍一些常见的束流诊断器件.

　　积分束流变压器 (Integrating Current Transformer, ICT) 是一种短束流的电量测量装置, 常用于粒子加速器和其他高能物理实验中. 在 ICT 内部有一个线圈, 当束流穿过线圈时, 引起线圈内的磁通量变化, 产生感应电动势. ICT 内还有一个由电容器和放大器组成的积分电路, 能将产生的电压信号转换成电荷量信号, 见图9.10. 测量到的电荷量与初始束流中的电荷量成正比, 从而得到束流的电量.

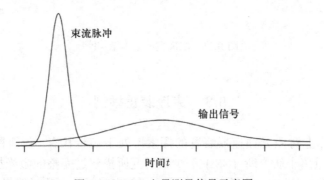

图 9.10　ICT 电量测量信号示意图

　　束流位置探测器 (Beam Position Monitor, BPM) 用于测量束流在加速器中的位置和轨道. 它的主要工作原理基于电荷收集和信号处理. 通常, 束流位置探测器由一系列特殊结构的探头组成, 例如纽扣型、条带型、谐振腔型探头等. 将这些探测器放置在加速器的轨道上, 当束流通过这些电极或探测器时, 它们会收集到束流通过探测器所产生的尾场信号, 这个信号的强弱与束流电荷量及位置偏移量成正比. 接下来, 这个电流或电荷信号会被放大、处理和分析. 常用的信号处理方法包括放大、滤波、数字化和数据分析. 通过对信号的处理和分析, 可以消除信号幅度与电荷量的关联, 并给出束流在加速器中的位置和轨道. 束流位置探测器通常具有高精度和快速响应的特点, 可以实时监测和控制束流的位置. 它在粒子加速器中起着重要的作用, 用于优化束流的轨道和稳定加速器的运行.

　　电离室通常在束流诊断系统中用来获取实时测量束流剂量、位置、均匀度等重要信息. 常见的电离室主要由收集极、高压极、介质气体等组成. 电离室按测量方式可分为脉冲电离室和累计电离室. 因电极外形不同可分为平板型或同心圆筒型电离室, 其基本结构如图 9.11 所示[23]. 电离室的工作原理是: 带电粒子入射到灵敏体积 (通过收集极边缘的电力线所包围的两电极间区域) 内的工作气体中, 沿径迹产生电离离子对, 在电场的作用下, 灵敏体积内的电子离子漂移, 形成电离电流, 由于电离电流和束流强度成正比, 测量该电流可以推出束流强度.

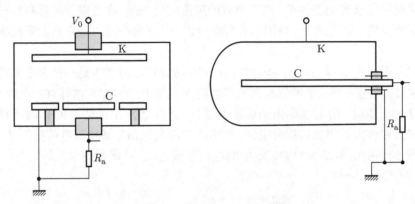

图 9.11 电离室的基本结构[23]

9.3 束流装置举例

目前国际上对激光加速器装置的探索均处于初步状态, 仅有欧洲极光设施 (ELI)、德国重离子研究所 (GSI) 等少数研究所搭建过完整的激光加速器束流传输系统. 国内则以北京大学为代表, 于 2018 年完成了一台质子能量可调 (1 ~ 15 MeV)、1% 能散激光加速器束流输运系统的建造.

GSI 的束流输运系统整体布局如图 9.12 所示, 束流输运系统中用脉冲螺线管 (图中 SOL) 收集质子束, 用射频腔 (CAV) 旋转纵向相空间 (图 9.13), 后面再接二元四极透镜 (QD1, QD2) 聚焦[24].

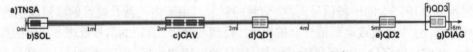

图 9.12 GSI 的 LIGHT 束流输运系统[24]

GSI 的这个系统中, 经过聚焦、纵向相位旋转, 在距离激光靶 6 m 处, 5×10^8 个质子的束团 (中心能量 7.8 MeV, 能散 $\pm 20\%$) 可以压缩到 (462 ± 40) ps 脉冲长度, 峰值电流是 170 mA. 聚焦元件能够有效地增加离子束的准直性. 射频腔能够有

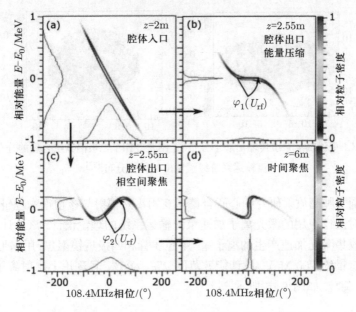

图 9.13　应用射频腔后纵向相空间的相位旋转[24]

效地压缩离子束的脉冲长度, 得到高峰值电流的束团.

欧洲 ELI 的质子传输束流输运系统则采用四极磁铁作为聚焦方案, 其整体布局如图 9.14 所示. 束流输运系统中, 用五个永磁四极磁铁作为收集透镜, 用四个二极磁铁的组合进行能量分析, 最后再用二元四极透镜聚焦, 计算的传输能量最高为 60 MeV, 能散范围 5% ∼ 20%[25]. 经过传输后在束流输运系统终端模拟输出的质子分布如图 9.15 中的右图所示.

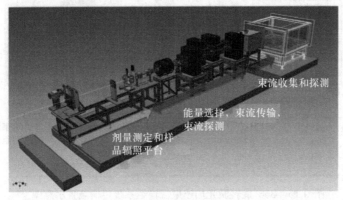

图 9.14　ELI 激光加速离子传输束流输运系统设计图[25]

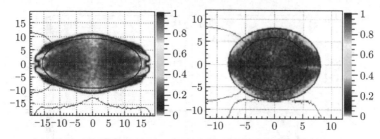

图 9.15　ELI 束流输运系统传输后质子分布. 左图是经四个二极磁铁组合后的分布; 右图是束流输运系统终端输出的质子分布.[25]

　　美国国立肿瘤放射研究中心联合德国亥姆霍兹辐射与核物理物理研究所, 共同提出了针对医疗应用的激光离子加速束流输运系统的理论设计. 该设计中, 利用脉冲螺线管收集激光加速产生的离子束, 用螺线管和四极透镜聚焦, 用扇形磁铁选能. 设计传输能量约 200 MeV, 设计能散范围 2% ~ 20%, 且理论上出射离子束的角度可以 360° 旋转, 如图 9.16 所示[26].

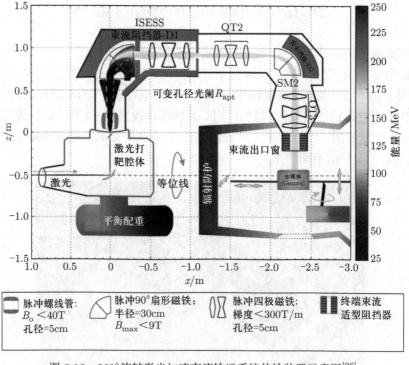

图 9.16　360° 旋转激光加速束流输运系统传输装置示意图[26]

由北京大学建造的 CLAPA-I 是一台产生低能散束流的具有应用价值的激光加速器. 该装置基于光压稳相加速原理 (RPA-PSA)[27,28] 和靶背鞘场加速 (TNSA) 等多种加速机制[29], 采用金属靶[30]、塑料靶[31]、DLC 纳米超薄靶[32]等多种靶材. 束流输运系统可以将激光加速产生的离子束输运到辐照应用平台, 从而开展关于激光等离子体加速机制[33]、大散角强流离子束的传输[25]、双层靶等新型靶加速[34]、生物辐照和医学实验[35]、空间辐射环境模拟、高能量密度物理等方向的研究.

整个系统使用高对比度激光和 nm, μm 厚度薄靶加速, 产生大散角质子束; 然后由束流传输系统进行束流收集、分析和重新整形. 如图 9.17 所示, 束流传输系统包括三个功能段: (1) 收集段, 包括从激光打靶点产生离子束流的位置到偏转磁铁物点的位置, 其主要的功能为尽可能多地收集产生的大能散离子束流, 将离子束流聚焦在偏转磁铁物点. 其主要包括一个三元四极透镜. (2) 选能段, 包括从偏转磁铁物点到偏转磁铁像点的位置, 其主要的功能为将大能散的束流在空间位置上分离, 通过狭缝实现能量选择. 其主要包括一个 45° 扇形磁铁和两个狭缝系统. 图 9.18 中示出了质子束通过偏转磁铁后的横向分布, 此时偏转磁铁成像的中心能量为 5 MeV. 可以看到在 X 轴方向不同能量束流散开, 同时偏离中心能量的质子束不能被很好地聚焦, 束斑的分布呈蝴蝶结状. 因此通过控制狭缝的大小, 可以精确实现质子能散的控制. (3) 再聚焦段, 包括从偏转磁铁像点到终端平台的辐照点, 其主要功能为聚焦束流, 微调束流的空间分布. 其主要包括一个二元四极透镜. 为了更好地监测和表征束流的参数信息, 整个束线还包括收集段闪烁体 BPD#1、选能段闪烁体 BPD#2 和辐照段 MCP-BPD#3, 分别位于三元四极透镜的焦平面附近、扇形磁铁的像平面和辐照平面. 理论上, 该束线可以传输能量 1 ~ 44 MeV、能散 ±5%、

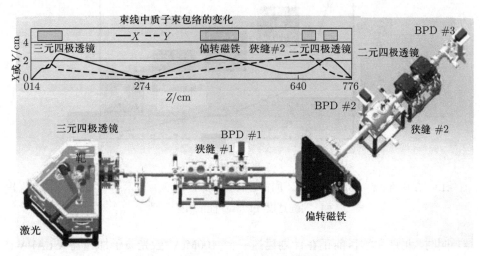

图 9.17 CLAPA-I 束流输运系统布局[39]

散角 ±50 mrad、峰值电流 8 A 的质子束.

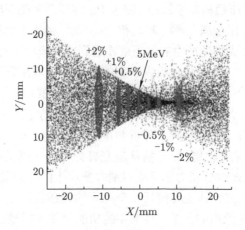

图 9.18 CLAPA-I 中质子束通过偏转磁铁后的横向分布图, 结合横向狭缝可完成选能[39]

图 9.19 展示了中心能量为 3.5 ~ 9 MeV 时, 辐照平台 (BPD#3) 处质子电量曲线, 图中插图为不同中心能量条件下典型的束斑横向分布图, 其束斑形状大小可以根据需要通过二元四极透镜进行灵活的调整. 这里第二个狭缝 (狭缝 #2) 宽度为 14 mm, 保证能散稳定在 ±1%.

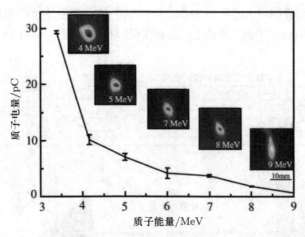

图 9.19 在辐照平台 (BPD#3) 处不同中心能量的质子束. 图片显示了不同能量下的束流截面. 狭缝宽度 14 mm, 能散 ±1%.[39]

同时, 北京大学目前正在计划建造一台 100MeV 激光质子加速器 CLAPA-II. 图 9.20 所示为整个束流配送系统的整体布局, 分为三个区域, 分别对应: 公用发射度选择束流收集系统、水平终端束流配送系统 (包括束流传输线和治疗头)、垂直终端束流配送系统 (包括束流传输线和治疗头). 其中水平和垂直终端配送系统都具有能散选择、匹配传输以及终端光斑控制和调节三个功能[36].

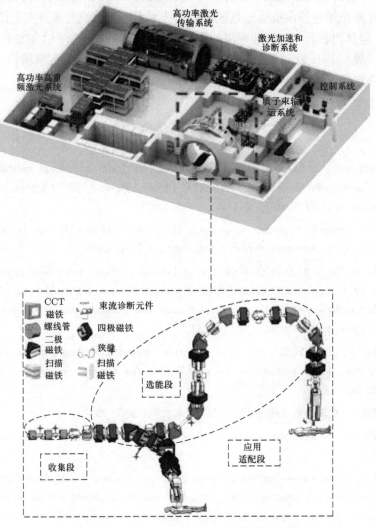

图 9.20　CLAPA-II 束流配送系统的整体布局

综上, 可以看到, 束流传输系统可以实现激光加速离子束在能量、电荷和束斑等方面的精确调节, 使束流的稳定性和可靠性得到保证. 通过聚焦元件与选能元件的合理集成, 可以克服激光驱动束流固有的大能散、大散角等缺陷, 使激光加速器获得应用价值. 通过精确控制质子束参数, 例如能量、能量带宽、均匀性和束流焦斑尺寸, 可以得到单能质子束. 单能质子束可应用于精确生物剂量沉积、空间辐照环境模拟、测量热致密物质中的能量停止、检测装置标定和质子束参数测量等领域. 而针对百 MeV 能量质子束进行束线设计并实现束流参数的精确调节和剂量的精准配送, 将为基于激光加速器的下一代紧凑型放射治疗装置提供可行性.

尽管激光加速器束流输运系统使用的技术大多为传统加速器中广泛应用的成熟技术, 但其面临的激光加速束流的特性, 和伴随这些特性所产生的新问题仍然是全新的挑战. 目前, 针对激光加速束流输运系统的研究正处于起步阶段, 仍需不断研究和探索.

<h1 style="text-align:center">参 考 文 献</h1>

[1] Migliorati M, Bacci A, Benedetti C, et al. Intrinsic normalized emittance growth in laser-driven electron accelerators [J]. Physical Review Special Topics - Accelerators and Beams, 2013, 16(1): 011302.

[2] Floettmann K. Some basic features of the beam emittance [J]. Physical Review Special Topics - Accelerators and Beams, 2003, 6(3): 034202.

[3] Wu M, Zhu J, Li D, et al. Collection and focusing of laser accelerated proton beam by an electromagnetic quadrupole triplet lens [J]. Nuclear Instruments and Methods in Physics Research, Section A: Accelerators, Spectrometers, Detectors and Associated Equipment, 2020, 955(2020): 163249.

[4] Wu M J, Li D Y, Zhu J G, et al. Emittance measurement along transport beam line for laser driven protons [J]. Physical Review Accelerators and Beams, 2020, 23(3): 031302.

[5] 陈佳洱. 加速器物理基础 [M]. 北京: 北京大学出版社, 2012.

[6] Lee S Y. Accelerator physics [M]. Singapore: World Scientific Publishing Company, 2018.

[7] Hofmann I, Meyer-Ter-Vehn J, Yan X, et al. Collection and focusing of laser accelerated ion beams for therapy applications [J]. Physical Review Special Topics-Accelerators & Beams, 2011, 14(3): 031304.

[8] Harres K, Alber I, Tauschwitz, et al. Beam collimation and transport of quasineutral laser-accelerated protons by a solenoid field [J]. Journal of Physics Conference Series, 2010, 244(2): 022036.

[9] Agosteo S, Anania M P, Caresana M, et al. The LILIA (Light Ions laser Induced Acceleration) experiment at LNF [J]. Nuclear Instruments & Methods in Physics Research, 2013, 331(331): 15-19.

[10] Burris-Mog T, Harres K, Nürnberg F, et al. Laser accelerated protons captured and transported by a pulse power solenoid [J]. Physical Review Special Topics Accelerators and Beams, 2011, 14(12): 7-13.

[11] Dewa H, Ahn H, Harano H, et al. Experiments of high energy gain laser wakefield acceleration [J]. Nuclear Instruments & Methods in Physics Research, 1998, 410(3): 357-363.

[12] Weingartner R, Raith S, Popp A, et al. Ultralow emittance electron beams from a laser-wakefield accelerator [J]. Physical Review Accelerators and Beams, 2012, 15(11): 111302-111302.

[13] Eichner T, Grüner F, Becker S, et al. Miniature magnetic devices for laser-based, table-top free-electron lasers [J]. Physrevst Accelbeams, 2007, 10(8): 330-338.

[14] Osterhoff J, Sokollik T, Nakamura K, et al. Transport and non-invasive position detection of electron beams from laser-plasma accelerators [J]. AIP Conference Proceedings, 2010, 1299(1): 575-579.

[15] Schollmeier M, Becker S, Geissel M, et al. Controlled transport and focusing of laser-accelerated protons with miniature magnetic devices [J]. Physical Review Letters, 2008, 101(5): 055004.

[16] Nishiuchi M, Daito I, Ikegami M, et al. Focusing and spectral enhancement of a repetition-rated, laser-driven, divergent multi-MeV proton beam using permanent quadrupole magnets [J]. Applied Physics Letters, 2009, 94(6): 670.

[17] Roth M, Alber I, Bagnoud V, et al. Proton acceleration experiments and warm dense matter research using high power lasers [J]. Plasma Physics and Controlled Fusion, 2009, 51(12): 124039.

[18] Hofmann I, Jürgen M-t-V, Yan X, et al. Chromatic energy filter and characterization of laser-accelerated proton beams for particle therapy [J]. Nuclear Inst & Methods in Physics Research A, 2012, 681(none): 44-54.

[19] Teng J, Gu Y Q, Zhu B, et al. Beam collimation and energy spectrum compression of laser-accelerated proton beams using solenoid field and RF cavity [J]. Nuclear Instruments and Methods in Physics Research, Section A: Accelerators, Spectrometers, Detectors and Associated Equipment, 2013, 729: 399-403.

[20] Hofmann K M, Schell S, Wilkens J J. Laser-driven beam lines for delivering intensity modulated radiation therapy with particle beams [J]. Journal of Biophotonics, 2012, 5(11-12): 903-911.

[21] Schell S, Wilkens J J. Modifying proton fluence spectra to generate spread-out Bragg peaks with laser accelerated proton beams [J]. Physics in Medicine & Biology, 2009, 54(19): N459-N466.

[22]   Nishiuchi M, Sakaki H, Hori T, et al. Measured and simulated transport of 1.9 MeV laser-accelerated proton bunches through an integrated test beam line at 1 Hz [J]. Physical Review Special Topics - Accelerators and Beams, 2010, 13(7): 071304.

[23]   安继刚, 卿上玉, 邬海峰. 充气电离室 [M]. 北京: 原子能出版社, 1997.

[24]   Busold S, Schumacher D, Brabetz C, et al. Towards highest peak intensities for ultra-short MeV-range ion bunches [J]. Scientific Reports, 2015, 5: 12459.

[25]   Romano F, Schillaci F, Cirrone G A P, et al. The ELIMED transport and dosimetry beamline for laser-driven ion beams [J]. Nuclear Instruments and Methods in Physics Research Section A: Accelerators, Spectrometers, Detectors and Associated Equipment, 2016, 829(1): 153-158.

[26]   Masood U, Bussmann M, Cowan T E, et al. A compact solution for ion beam therapy with laser accelerated protons [J]. Applied Physics B, 2014, 117(1): 41-52.

[27]   Yan X Q, Lin C, Sheng Z, et al. Generating high-current monoenergetic proton beams by a circularly polarized laser pulse in the phase-stable acceleration regime [J]. Physical Review Letters, 2008, 100(13): 135003.

[28]   Yan X Q, Wu H C, Sheng Z M, et al. Self-organizing GeV, nano-Coulomb, collimated proton beam from laser foil interaction at 7×10^{21} W/cm^2 [J]. Physical Review Letters, 2009, 103(13): 135001.

[29]   Tudisco S, Altana C, Lanzalone G, et al. Investigation on target normal sheath acceleration through measurements of ions energy distribution [J]. Review of Scientific Instruments, 2016, 87(2): 02A909.

[30]   Torrisi L, Cutroneo M, Ceccio G, et al. Near monochromatic 20 MeV proton acceleration using fs laser irradiating Au foils in target normal sheath acceleration regime [J]. Physics of Plasmas, 2016, 23(4): 056706-056356.

[31]   Torrisi L. Advanced polymer targets for TNSA regime producing 6 MeV protons at 10^{16} W/cm^2 laser intensity [J]. Physics of Plasmas, 2017, 24(2): 023111.

[32]   Henig A, Kiefer D, Markey K, et al. Enhanced laser-driven ion acceleration in the relativistic transparency regime [J]. Physical Review Letters, 2009, 103(4): 045002.

[33]   Bulanov S S, Esarey E, Schroeder C B, et al. Radiation pressure acceleration: the factors limiting maximum attainable ion energy [J]. Physics of Plasmas, 2016, 23(5): 056703.

[34]   Bin J H, Ma W J, Wang H Y, et al. Ion acceleration using relativistic pulse shaping in near-critical-density plasmas [J]. Physical Review Letters, 2015, 115(6): 064801.

[35]   Kraft S D, Richter C, Zeil K, et al. Dose-dependent biological damage of tumour cells by laser-accelerated proton beams [J]. New Journal of Physics, 2010, 12(8): 85003-85012.

[36] Wang K D, Zhu K, Easton M J, et al. Achromatic beamline design for a laser-driven proton therapy accelerator [J]. Physical Review Accelerators and Beams, 2020, 23(11): 111302.

[37] Migliorati M, Bacci A, Benedetti C, et al. Intrinsic normalized emittance growth in laser-driven electron accelerators [J]. Physical Review Special Topics - Accelerators and Beams, 2013, 16(1): 011302.

[38] Berz M, Makino K, Wan W. An Introduction to Beam Physics [M]. Boca Raton: Taylor & Francis, 2015.

[39] Zhu J G, Wu M J, Liao Q, et al. Experimental demonstration of a laser proton accelerator with accurate beam control through image-relaying transport [J]. Physical Review Accelerators and Beams, 2019, 22(6): 061302.

第 10 章　激光加速应用简介

10.1　激光离子束的应用

超强激光和固体靶相互作用产生的离子束具有瞬时流强高、尺寸小、脉宽窄、能谱宽等特点, 在很多领域都具有广阔的应用前景. 本节将简要介绍激光离子束的相关潜在应用, 其中大多数都已经有实验验证.

10.1.1　磁约束核聚变诊断

随着国际热核聚变实验反应堆 (ITER) 计划的稳步推进, 磁约束热核聚变研究近年取得重要进展. 这对聚变等离子体诊断研究提出了新的挑战, 例如, 针对芯部等离子体的静电涨落和极向磁场的诊断方法亟待突破. 发展可以应用于大型托卡马克乃至未来聚变研究装置的新型离子束探针诊断技术, 对于目前国内大型装置 (EAST, HL-2A/2M 等) 乃至 ITER 等国际大型托卡马克装置的相关诊断, 都有重要意义.

在磁约束聚变研究中, 高能量离子束一直是等离子体诊断分析的重要工具之一. 重离子束探针 (HIBP, Heavy Ion Beam Probe) 利用重离子与等离子体相互作用引起的二次电离效应对等离子体电势和电子密度涨落进行诊断, 是目前能够测量芯部等离子体电势及电子密度涨落的唯一方法. 现有的 HIBP 都利用传统加速器产生高能重离子束, 硬件部分占地庞大, 建造和维护困难, 成本高, 且需要大孔径的真空室窗口, 这严重限制了 HIBP 在大型托卡马克装置上的应用.

利用激光加速的离子束来诊断托卡马克磁场和电势, 能有望显著减少硬件所需要的空间、运行和维护成本. 同时, 激光具有灵活的导调性, 可深入到真空室内壁处直接加速离子, 克服了传统 HIBP 要求大孔径窗口的缺点. 通过测量离子束出射位置的环向和极向位移, 可同时诊断极向磁场和径向电场的空间分布. 此外, 激光加速器离子束还有脉冲短 (ps 量级)、能散宽、多价态的优点. 因此, 传统 HIBP 的探测和分析方法不再适用时, 发展基于激光加速器的新型诊断原理和反演方法是一个不错的选择.

图 10.1 为激光离子束轨道控针 (LITP) 基本原理图, 激光能够在 μm 量级距离内将质子束加速到 MeV 量级, 所以可以将靶体放置在托卡马克装置窗口内壁附近产生质子束, 注入部分只需要光学元件即可, 对入射窗口尺寸的要求将显著缩小. 更加重要的是, 还可以把激光驱动离子束能散大的 "劣势" 转换为能够大面积横向

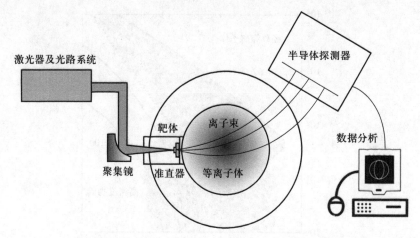

图 10.1 激光离子束轨道探针 (LITP) 系统示意图

扫描等离子体芯部区域的优势, 为二维电磁场诊断提供了可能性. 利用激光加速的短脉冲特点可以通过飞行时间测量离子能量, 结合时空探测分辨的探测器可以得到二维的电磁场诊断. 利用多价态的特点将电磁场作用分开可实现电场和磁场的同时探测. 相对于传统的诊断方法, LITP 装置具有体积小, 易维护, 进入窗口小等特点, 未来有望应用于大型超导托卡马克系统, 比如 ITER 装置等.

近年来, 在 LITP 的研究中, 北京大学肖池阶、林晨等人对 LITP 诊断原理进行了算法的推导和改进, 可将其误差控制在 10%以内, 同时进一步完成了对极向磁场的二维诊断算法的推导. 此外, 利用激光重离子束的空间分布信息还可以实现与 HIBP 同样的效果 —— 得到二维的电子密度分布. 通过扩展 LITP 的算法, 利用非线性假设, 北京大学在极向磁场较小的装置上验证了 LITP 诊断方法, 证明将它应用到球形托卡马克和反常箍缩装置中具有理论上的可行性.

LITP 是激光离子加速技术在磁约束聚变等离子体中的首次实际应用. 它利用了激光加速离子束的独有特点, 有望对极向磁场进行二维分布测量, 从而直接得到等离子体 q 剖面和磁场位形. LITP 还可以对径向电场和电子密度进行二维成像探测, 可用于研究等离子体湍流与输运等重要的托卡马克物理过程.

10.1.2 产生温稠密物质

温稠密物质 (Warm Dense Matter, WDM) 是一种区别于固、液、气以及经典等离子体的新的物质存在形式. 温稠密物质特性的研究在惯性约束聚变 (ICF)、重离子聚变以及天体演化等领域有着重要的科研价值, 因为它是上述过程中物质存在和发展必然要经历的中间物质状态. 如图 10.2, 温稠密物质的状态介于固态和经典等离子体之间. 通常来说, 其粒子数密度在 $10^{22} \sim 10^{25}/cm^3$, 温度在 $0.1 \sim 100eV$ 范围.

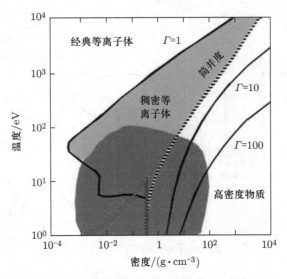

图 10.2　温稠密物质在温密相图上的分布

目前, 在实验室中产生温稠密物质的途径可分为以下几种: 力学碰撞压缩 (如飞片、气炮等); 化学含能材料爆炸压缩; 激光脉冲辐照; 离子束加热; 静高压金刚石压钻 (DAC) 技术等. 随着激光等离子体加速技术的发展, 其得到的高能量短脉冲离子束流也逐渐被应用于温稠密物质的产生. 激光离子束产生温稠密物质相比于传统方法具有加热时间短、样品状态同一性好 (离子束穿透强, 在样品范围内能量沉积均匀) 的特点, 为温稠密物质状态方程等研究提供了新的手段.

2003 年, Patel 等人在美国劳伦斯利弗莫尔国家实验室的 100TW 激光装置上进行了激光质子束加热产生铝等离子体的实验[1]. 他们先将 100fs、10J 的短脉冲通过一离轴抛物面镜聚焦到一个 10μm 厚的铝箔上, 再用铝箔后表面加速出来的质子束流去加热另外一个 10μm 厚的铝箔, 以产生温稠密铝. 在实验中, 他们替换前面一层产生质子束的铝箔, 将平面靶和球面靶两种构型进行对比实验. 如图 10.3, 实验结果发现, 在其它条件大致相同的情况下, 球面构型方案确实起到了对质子束流聚焦的作用, 最终得到温度更高的温稠密铝 (20eV).

2013 年, Gauthier 等人在法国 LULI 实验室采用了类似的实验设置来研究高能碳离子束在温稠密物质中的电离平衡[2]. 如图 10.4, 他们首先将一路激光脉冲 (B2) 打在厚度为 10μm 的金箔上产生质子束, 这将加热第二层 100nm 厚的铝箔以产生温稠密状态的铝; 同时, 将另一路激光脉冲 (B1) 打在 1.5μm 厚的聚酯薄膜上产生碳离子束, 该碳离子束再从另一侧斜入射到温稠密状态的铝箔. 实验中, 质子束加热得到了温度约为 1eV 左右的温稠密铝. 实验结果表明, 1eV 左右的温稠密环境并不会显著影响 0.04 ~ 0.05MeV/u 的碳离子束的电离平衡.

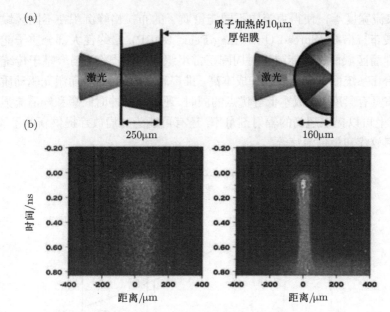

图 10.3   (a) 平面靶和球面靶两种实验构型; (b) 条纹相机拍摄到的靶后 570nm 处的时空分辨的热发射谱图[1]

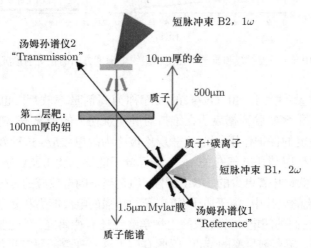

图 10.4   M. Gauthier 等人实验设置图[2]

10.1.3   肿瘤治疗

质子束流由于其独特的生物体能量沉积特性, 即具有能量沉积的布拉格峰 (Bragg peak), 在肿瘤治疗上有显著的优势, 如图 10.5 所示. 临床上, 物理师可以根据患者肿瘤的几何参数 (如大小、形状、位置等), 设计相应质子束流的物理特点 (如能谱结构、束流宽度等), 使得束流中不同能量质子的布拉格峰沉积在不同区域以叠加形成扩展布拉格峰 (Spread Out Bragg Peak, SOBP), 最终使大部分质子能量沉积在目标肿瘤区域而尽可能减少对周围正常组织细胞的损伤. 当今基于传统加速器的质子治疗系统面临着开发维护成本高、推广难度大的问题, 而激光驱动质子束流系统在兼具有紧凑性、成本低等优点的同时, 还具有脉冲时间短和峰值流强高等特点, 临床上可以提供超高的辐射剂量率, 还有可能为肿瘤放疗提供新的手段, 例如高剂量率放疗和免疫治疗等.

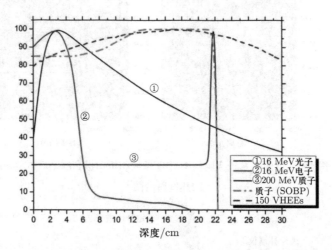

图 10.5　各类射线和质子束在生物组织中深度方向的相对剂量沉积[55]

　　通常将剂量率大于 40 Gy/s 的放疗称为高剂量率放疗, 也称为闪电放疗 (FLASH-RT). 很多实验证据表明在维持对肿瘤杀伤力的情况下, 高剂量率放疗对正常组织有一定的保护作用[3,4], 这一现象被称为闪电效应. 这种效应的出现可能与自由基化学反应消耗氧气有关 —— 氧气分子能够固化 DNA 分子的损伤, 低浓度的氧气分子就意味着更少的 DNA 毒性. 但是当下闪电效应的有效结果多出现于电子/光子束流的放疗中, 由于质子/重离子的较强的电离能力和复杂的早期物理化学过程, 关于它们的闪电放疗导致的生物学终点还有待研究. 激光驱动质子束流天然具有短束流、超高剂量率的特点, 因此有望为这一现象的研究提供支持.

　　另一方面, 临床数据表明, 当今 90% 以上癌症病人死亡的原因是癌细胞的转移[5]. 基于目前的癌症诊断水平, 仅有不到 10% 的临床患者在诊断时尚未转移, 这部分幸运患者是传统三大疗法 (手术、放疗和化疗) 相对有效的目标人群. 而对于发生了局部浸润和远端转移的其他 90% 患者群体, 传统的三大疗法的疗效十分有限[6]. 2018年, 免疫疗法由于具有可能治疗已浸润和已转移瘤的潜力而获得了诺贝尔生理学奖. 随着免疫疗法的发展, 放疗在原来 5R 理论的基础上 (5R 即: 修复 (Repair),

细胞周期再分配 (Redistribution), 再氧合 (Reoxygenation), 再繁殖 (Repopulation) 和内在放射敏感性 (Radiosensitivity)), 也逐渐向 6R 理论扩展, 其中增加的是: 激活全身特异性免疫反应 (Reactivation of anti-tumor immune response)[7].

放疗激活全身特异性免疫反应的现象最早由 Mole 在 1953 年发现[8]. 他观察到, 对于已经癌症转移的患者, 针对其局部病灶的放射性治疗导致了全身性的肿瘤生长抑制. 这一现象也被称为远端效应 (abscopal effects). 随后也有一些利用远端效应达到临床治愈的病例报道, 但是其机理一直不清楚, 推测可能与辐射造成癌细胞损伤后释放到血液或体液等循环系统的各种信号因子有关[9]. 近十年来, 北京大学在不同生物体系里研究了细胞和组织之间的远端效应及其部分机理[10-16]. 在此基础上, 可以进一步利用物理、化学和临床医学等多学科融合的系统研究方法, 解析癌细胞在受到脉冲质子束后释放的关键信号因子及其与免疫系统的相互作用过程和机理, 有望实现质子放疗诱导的个性化特异性 "癌症疫苗"[59], 从而对已转移癌症患者进行有效治疗.

10.1.4 离子声学成像技术

如前所述, 与其他癌症放疗方法相比, 离子束放疗因为布拉格峰的存在而可以提供更好的肿瘤剂量适形性, 对健康器官具有保护效果. 然而, 任何对布拉格峰和束流位置的预测都存在一定程度的误差, 束流范围的不确定性会导致肿瘤区域剂量沉积过度或不足, 并且损害临近的健康组织[17]. 因此, 实现对布拉格峰的定位是十分重要的.

目前定位布拉格峰的主要依据是离子束与生物组织相互作用时产生的三种不同二次辐射. 第一种是正电子湮灭 γ 射线. 当离子束入射到组织时, 非弹性核相互作用可能产生能够发射正电子的同位素, 每个正电子湮灭时会产生两个 γ 光子. 测量正电子湮灭的 γ 射线信号可实现对布拉格峰的定位. 由于可以利用现有的 PET 扫描仪[18], 该方法目前在临床中得到了广泛研究. 第二种方法是瞬时 γ 射线. 核散射事件会使得原子核进入激发态, 其进而在衰变过程中产生瞬时 γ 射线. 这个方法的优点在于不受生理学过程 (如血液流动) 影响, 且反应截面更大.

第三种则是离子声学成像技术. 离子声效应的发现来源于热声效应理论, 该理论如今广泛应用于光声成像技术. 离子声效应的产生需要使用一束短脉冲 (μs 量级) 的离子束流辐照生物组织, 生物组织吸收辐照能量之后, 局部快速升温并热膨胀, 从而产生超声波并向外传播. 在治疗过程中超声信号的形成和检测如图 10.6 所示. 前述两种方法利用的 γ 光子信号产生于核相互作用, 这类过程只吸收小部分剂量; 对比起来, 电磁相互作用才是质子束将能量传递给组织的主要机制. 离子声学成像从电磁相互作用中获取信号, 与患者身体中的实际剂量沉积更紧密地相关联[19]. 值得注意的是, 超声信号在组织中衰减很强, 因此需要考虑到不同组织带来的不同

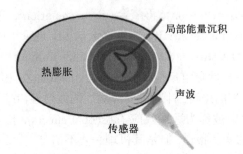

图 10.6   具有布拉格峰特征的单能离子束传输过程中超声信号的形成和检测的示意图[21]

影响[20]. 另外超声信号在皮肤边界处会有很强烈的反射; 超声信号无法在空气中被探测, 而病人的皮肤上并不总是适合放置超声探头. 这些因素也会限制离子超声探测的应用.

1979 年, 美国哈佛大学的 Sulak 等人首次使用超过 150MeV 的质子束流对水模仿体进行辐照[22], 从实验上证明了质子束流导致的瞬时热膨胀可以产生足够强的可被检测到的超声信号. 1995 年日本筑波大学的研究人员第一次提出把离子声效应应用到质子医疗上[23]. 他们用水听器检测到了超声信号, 并以此为依据推出了布拉格峰的位置, 但是超声信号空间分辨率很低, 只有 3 mm, 其实验结果如图 10.7 所示.

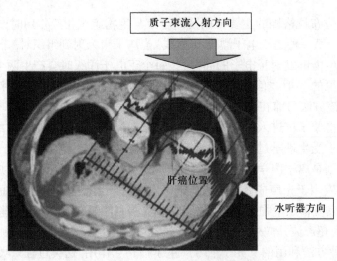

图 10.7   利用水听器计算布拉格峰位置[23]

随着超声探头技术的进步和放疗输运系统的日趋复杂, 离子声学成像技术在

2013 年后又重新恢复活力. 德国慕尼黑大学的 Parodi 和 Assmann 团队[24-27], 美国宾夕法尼亚大学的 Jones 团队[20,28,29]和美国威斯康辛大学 Patch 团队[30,31]在这方面开展了进一步的探索. 2015 年, 慕尼黑大学团队利用串联加速器产生的 20MeV 质子束[24], 测量了质子束在水中与入口处的超声信号, 以及布拉格峰的超声回声信号, 并成功实现了对布拉格峰亚 mm 精度的定位.

超声产生过程中, 只有当离子剂量沉积时间小于声波穿过布拉格峰的时间时, 声波的振幅才可以达到最大. 例如, 对于最低能的 70MeV 医用质子束, 就需要其脉宽小于 5µs[26]. 在这个时间尺度下, 能量沉积过程可以被视为绝热的, 热扩散可以被忽略. 医用回旋加速器通常提供准连续质子束流, 一般需要特别加入斩波器[32]或信号调制的手段[33]来实现脉冲束时域上的窄化. 而对于激光离子束, 其具有天然的短脉宽特性, 出射后脉宽就在 ns 量级, 不需要时域调制便可以开展离子超声方法成像.

2019 年, 慕尼黑大学团队首次将离子声测量应用于激光加速领域[27], 通过记录质子束在水中沉积能量所得到的超声信号 (如图 10.8 所示), 利用模拟退火算法成功反解出离子束的能谱结构. 离子超声探测器能够完全监测单个聚焦质子束并可以快速读数, 同时具有高重复性、鲁棒性和电磁脉冲抗性, 有望满足未来在激光加速领域的实验和应用研究需求.

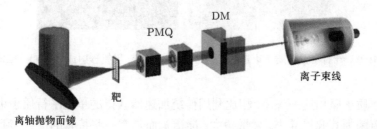

图 10.8 离子声检测器的实验布局, 其中激光聚焦在靶面上产生质子束, 质子束经聚焦和选能后进入探测器中[27]

10.1.5 质子束透射生物成像

质子束透射成像也被称为质子照相. 其原理是通过测量入射到被测物体上的质子束的衰减或散射来确定被测物体的物理性质和几何结构. 它在 1972 年最先由 West[56]提出. 高能平行入射质子束打到物质上时会发生散射, 散射质子在穿过物质后具有散射角, 与旁边没有照射到物质而直接打在探测器上的质子在强度上有了差值, 形成对比, 从而达到成像的效果. 相比于 X 射线照相, 质子照相有如下优点: 质子对密度和材料都比较敏感, 可以分辨密度差别不大的两种物质 —— 实验上已经实现了 1% 的密度区分度; 精细结构分辨能力强. 此外, 与 X 射线不同, 质子的散射能得到控制. 散射质子可以被聚焦, 从而形成视觉上无背景、对比鲜明的图像. 而被测物体对X射线形成的大角度散射无法控制, 这降低了照相的精度和灵敏度.

图 10.9 为质子透射照相技术与 X 射线照相技术对同一个小鼠标本照相的结果对比图. 其中左图是使用 160MeV 质子对小鼠标本直接散射成像结果, 右图是使用 X 射线的成像结果. 从对比结果来看, 使用质子透射照相, 其图像边缘细节非常清晰, 能够看到一些使用X射线照相看不到的物体的细节, 这使得质子照相技术在医学和生物成像领域都有着巨大的应用潜力.

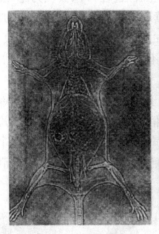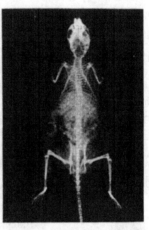

图 10.9   针对小鼠的质子束透射成像结果 (左) 与 X 射线透射成像 (右) 的比较[56]

对于质子照相这一应用, 相比利用传统加速器获得的单能平行质子束, 激光加速质子束因为其源尺寸小、发散角大、能谱宽而具有一些特有的优势. 利用点状发散质子源, 可以实现 μm 尺度的空间分辨率. 通过调节待成像物体与源及成像屏的距离, 还可以控制图像的放大倍率. 连续的能谱则能够用单发实现不同能量的质子对样品的照射. 样品后放置多层辐射变色膜片 (RCF) 可实现对多个能量段质子的片层成像. 利用不同能量的质子在生物组织中的射程不同, 探测具有多种能量的质子束二维分布, 再反演计算可以得到生物组织更丰富、精确的密度与结构信息.

国际上和国内已有一些研究组开展了利用激光质子束进行生物透射成像的初步研究. 例如, 上海光机所的研究团队利用双层 RCF 对蜻蜓进行了宽谱透射成像. 图 10.10 展示了实验装置与结果. 第一层 RCF 上的图像来自于能量为 $0.5 \sim 1$MeV 的质子, 第二层 RCF 上的图像来自于能量大于 2.8MeV 的质子[57].

图 10.11 给出了蜻蜓结构的局部放大图. 可以看出, 质子成像对蜻蜓体内的细微密度变化非常敏感, 具有较高的对比度, 横向分辨率达到了 μm 量级.

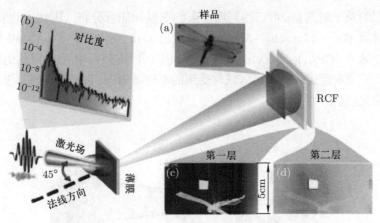

图 10.10 利用激光加速宽谱质子束对蜻蜓成像[57]

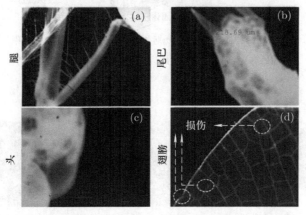

图 10.11 宽谱质子束对蜻蜓成像的局部放大图[57]. (a) 腿部, (b) 尾巴, (c) 头, (d) 翅膀.

10.1.6 高密度等离子体电磁场诊断

激光加速的质子束具有宽能谱的特点, 而不同能量的质子束从点源到探测区域的飞行时间不一样, 结合多层辐射变色膜片 (RCF) 的使用, 可以将质子束的能量分布转换为探测区域的时间分布, 从而捕捉不同时刻的物理过程. 质子束是激光等离子体相互作用过程中对电磁场进行时空分辨诊断的一个重要工具.

2002 年, Borghesi[34]首次使用激光加速的质子束诊断激光等离子体相互作用过程中的电磁场, 实验设置如图 10.12 所示. 一束激光脉冲 (CPA$_1$) 用以产生质子束, 另一束激光脉冲 (CPA$_2$) 与物质相互作用产生高强度瞬态电磁场. 探测器由 RCF 叠层构成, 当质子束在 RCF 中沉积能量时, RCF 的颜色会发生改变, 由此获得沉积在其中的质子束的平均剂量. 如果将多块 RCF 叠加在一起, 通过测量每一块膜片中沉积的质子的剂量, 可以得到质子束的剂量和能量分布. 图 10.13 展示了在不同延迟时间 ((a) −15ps, (b) −5ps, (c) 5ps, (d) 15ps, (e) 25ps) 6 ~ 7MeV 质子拍摄到的激光脉冲 (CPA$_1$) 与 50μm 粗的 Ta 线相互作用过程. 由质子照相的图像可以推断出质子束在经过等离子体区域时受到的电磁场影响, 进而获得瞬态电磁场分布的时间演化信息.

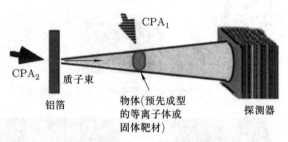

图 10.12 质子照相实验装置图: 一束激光脉冲 (CPA$_1$) 用以产生质子束, 另一束激光脉冲 (CPA$_2$) 与物质相互作用以产生高强度瞬态电磁场[34]

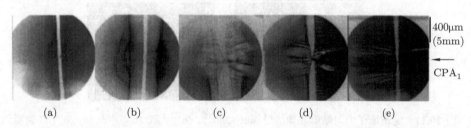

图 10.13 在不同延迟时间: (a) −15ps, (b) −5ps, (c) 5ps, (d) 15ps, (e) 25ps, 6 ~ 7MeV 质子拍摄到的 CPA$_1$ 与 50μm 粗的 Ta 线相互作用过程[34]

2016 年 Kar 等人[35]为了探究 TNSA 加速机制中热电子逃逸的动态过程, 利用质子的宽能谱特性, 结合 RCF 的多层照相能力, 在使用单束激光的情况下对热电子逃逸过程进行了一系列动态成像. 其中一组实验设置与实验结果如图 10.14 所示. 靶体与激光作用过程中产生了大量逃逸电子, 导致靶体带正电荷. 为了使靶体恢复电中性, 靶体内的正电荷沿着金属丝流向低电位. 采用激光加速产生的大能散质子束, 在不同能量下分别捕捉到了如图中 (b) 101ps, (c) 116ps, (d) 153ps 不同时刻电流的感生电场的情况. 采用程序对电场进行反演, 得到了金属丝中电磁场的分布情况 —— 即金属丝在场的作用下的电荷线密度的分布. 经过积分计算, 最终得到该脉冲中的总电荷约为 60nC.

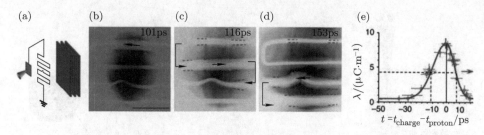

图 10.14　靶体与激光作用过程中产生了大量电子逃逸, 导致靶体带正电荷, 为了使靶体恢复电中性, 靶体内的正电荷沿着金属丝流向大地. 采用激光加速产生的大能散质子束, 不同能量的质子束分别捕捉到了 (b) 101ps, (c) 116ps, (d) 153ps 不同时刻电流感生电磁场的情况; (e) 为经过程序的电场反演, 得到的金属丝中电磁场分布.[35]

10.1.7　用于材料科学

近年来, 激光加速质子束在材料科学中得到了广泛的应用[36-39]. 由于瞬时流强高、脉冲时间短, 激光加速质子束辐照具有明显的温度效应, 可以将样品加热到很高的温度. 随着辐照距离的减小, 加热的温度逐渐增大[36,37]. 模拟结果显示温度效应主要来自于激光加速的质子束, 而电子、光子和重离子的影响较小[37]. 相比于传统加速器的连续束流辐照, 激光加速的脉冲质子束辐照具有明显不同的特性.

激光加速质子束可以用来高精度合成 nm 和 μm 尺度的晶体颗粒[38,39]. 在材料科学中, nm 和 μm 尺度的晶体颗粒的合成与生长是一个面临强大挑战的前沿领域, 这种晶体颗粒可以应用于多个领域. 决定这些晶体生长的主要因素是生长温度和压力条件等参数, 这些条件要在非常短的时间范围 (ps-ns) 内实现, 目前传统技术还缺乏足够精确的控制, 而激光驱动的短脉冲、高流强质子束脉冲可以满足晶体结构生长所需的温度和压力条件.

如图 10.15, 以美国劳伦斯利弗莫尔国家实验室 TITAN 激光器上的一个实验为例, 激光脉宽为 700ps, 激光强度为 $10^{20}\mathrm{W/cm^2}$, 加速产生的质子打到位于靶后 2.5cm 的金靶样品, 旁边的银靶接收金的微晶颗粒. 激光加速的质子束将金靶在几百 ps 内加热至沸点和临界点之间的温度, 烧蚀材料产生的等离子体羽流 (即原子、离子、纳米团簇等) 膨胀到真空中并冷却下来. 等离子体羽流成核, 在周围冷的表面上形成微晶结构. 和传统的方法相比, 激光加速的质子束合成微晶结构的优势是速度更快, 精度更高; 缺点是合成后的微米、纳米晶体需要从表面分离, 在纳米晶体能够使用前需要额外的步骤, 增加了复杂度.

激光质子束还可以用于材料的抗辐照性能测试[37]. 激光加速质子束的瞬时高流强为一些工作在极端条件下的材料的测试提供了理想条件, 例如高能量密度物理、天体物理、空间辐射环境及磁约束聚变和惯性约束聚变中面临的等离子体极端

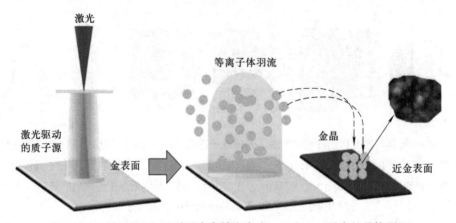

图 10.15   利用激光加速质子束高精度合成 nm 和 μm 尺度的晶体颗粒

环境. 与利用传统加速器进行材料抗辐照性能测试的方法相比, 激光加速的质子束脉宽短, 瞬时流强高, 可以通过单发激光加速质子束产生的瞬态热冲击开展极端环境下的材料测试, 大大降低了实验时间和成本. 这个领域关注的材料通常为核聚变装置所需的高熔点材料 (例如钨), 因为人们对改进这些材料的抗辐照性能有强烈需求.

图 10.16 展示了经激光加速质子束辐照前后的金属钨的表面形貌电镜图. 最初光滑的样品表面出现了裂缝和孔洞, 表明激光加速质子束辐照引起了强烈的表面侵蚀. 这个结果与使用传统方法测试获得的结果有非常相似的特征, 这证明了激光加速质子束可以像传统加速器一样用于极端环境下的材料抗辐照性能测试.

图 10.16   利用激光加速质子束进行极端条件下材料抗辐照性能测试, 辐照前后金属钨表面形貌电镜图

10.1.8 惯性核聚变质子快点火

可控核聚变是未来解决能源危机的最有效的途径之一. 通过核聚变获得相比核裂变更可持续、更为安全的能源是人类的长期战略目标. 目前核聚变主要有磁约束和惯性约束两种主要技术途径, 它们都仍处于探索阶段. 对于惯性约束聚变而言, 当聚变释放的能量高于由于韧致辐射以及热量扩散等过程带来能量消耗时, 燃料就可以自持燃烧. 达到这个状态的过程被称为点火 (ignition), 是惯性约束核聚变过程中的关键步骤.

传统的惯性约束核聚变的点火方法是采用多束激光直接辐照、或者用激光照射高 Z 材料构成的黑腔的内壁产生的均匀 X 射线间接辐照氘氚 (DT) 靶丸, 产生快速、高度球对称的向心内爆 —— 压缩 —— 热斑来实现, 所需的激光输出能量在 MJ 量级. 这种方案对激光辐照的球对称性和均匀性有极高的要求 —— 如果激光的焦斑不均匀或靶面不够光滑, 就有可能发生类瑞利－泰勒 (RT) 不稳定性, 这种不均匀性会在压缩过程中被指数放大, 造成点火失败. 于是, 为了克服传统点火方案中的问题, "快点火" (fast ignition) 的概念被提出. 快点火方案能够减少对驱动激光能量的需求, 同时压缩和点火过程分开, 也能大大降低在压缩阶段对对称性的要求. 超强激光与等离子体相互作用产生的超热电子或者高能质子束可以作为驱动快点火的粒子源.

1994 年美国利弗莫尔国家实验室 Tabak 等人[40]提出了利用超强激光产生的超热电子实现快点火的方案. 首先用中等强度长脉冲激光对空心靶丸进行高度对称的压缩 (主脉冲为几个 ns, 波长为 $0.35\mu m$, $I = 10^{14} \sim 10^{15} W/cm^2$). 靶丸内充满了氘氚气体, 压缩后中心为高密区 ($\rho = 300g/cm^3$), 外面则为几十 mm 至 cm 长的高温低密度等离子体晕区. 此过程内爆速度较低. 然后用一束脉冲宽度为 100ps 的激光从晕区入射至约 100 倍临界密度处, 将靶丸进一步压向中心, 并依靠其钻孔效应 (hole boring) 在晕区内排开物质形成一个等离子体通道. 最后用超强超短的点火激光 ($1 \sim 10ps, \lambda = 1.05\mu m, I \approx 10^{19} W/cm^2$) 经过通道到达高密区产生大量动能约为 1MeV 的超热电子, 超热电子能量沉积在芯区边缘的点火热斑处, 靶心附近燃料的局部温度迅速上升到点火温度, 从而实现 "快点火".

Kodama[41]等人还提出利用锥靶构型来引导注入点火激光进行快点火的实验构型. 相比 Tabak 等人利用激光的钻孔效应形成等离子体通道的构型, 它可以使激光能量直接聚焦到高密度区域附近; 同时锥状结构也可以对激光和超热电子进行聚焦. 2010 年日本大阪大学[42]采用金锥导引两束脉宽 1.5ps 的激光对压缩过的靶丸进行点火, 使热核反应的中子产额从不采用 ps 点火激光的 10^6 个提高到 3.5×10^7 个. 2011 年美国罗切斯特大学[43]的金锥导引点火实验, 也得到了比不采用点火脉冲高 4 倍的中子产额.

在超强激光与等离子体相互作用的过程中, 除了能够产生超热电子, 还能够产生能量为几十 MeV 量级的高能质子束和重离子束. 基于激光与固体薄膜靶相互作用时产生的质子束具有能量高、方向性好以及转换效率高的特点, 同时质子束可以把能量主要沉积在射程的末端, 即沉积能量分布存在布拉格峰, 2000 年德国 GSI 的 Roth 等人提出采用质子快点火进行核聚变研究的设想[58], 具体布局如图 10.17 所示. 在间接驱动的腔体 (Hohlraum) 外, 将多束 PW 激光聚焦到一个固体靶材上, 靶材的后表面呈球形, 有利于出射的质子束聚焦, 然后加速产生的质子束经过一个保护性的薄金属窗片, 将能量沉积在点火热斑处, 加热到超过 10keV 的点火温度. 激光质子束可以在百 μm 尺度加速到几十 MeV, 通过靶构型设计, 实现质子束聚焦. 因此, 激光质子束流可以在靶丸很近的地方产生, 并传输到靶丸, 而使用传统加速器产生的质子束, 在传输和聚焦方面则会有很多的问题产生.

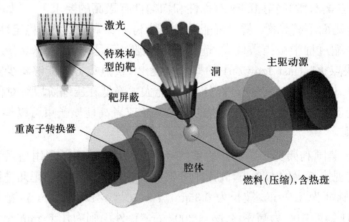

图 10.17　快点火装置示意图[58]

10.1.9　用于氢硼聚变

如上一小节所言, 激光驱动的惯性约束聚变是有望解决能源问题的重要技术. 目前, 以美国 NIF 激光为代表的激光聚变研究主要采用间接驱动的方案. 法国正在开展 LMJ 研究计划, 俄罗斯也启动了类似项目. 但这种间接驱动的聚变方式实际上驱动效率较低, 即使是目前实现的最高聚变产出能量 ($\sim$26 kJ) 也只相当于驱动激光总能量 ($\sim$1.9MJ) 的 $\sim$ 1%, 这使其难以成为产生聚变能源的可行技术途径. 以实现可持续性聚变能源为目标的激光约束聚变还需要探索新的技术路线[44], 这要求解决以提高效率为核心的新物理问题. 总结激光聚变研究四十多年的历史, 从完整的激光惯性约束聚变原理正式提出至今, 主流方案均为用 ns 级脉冲宽度的高功率激光 (激光功率密度 $\sim 10^{15} \mathrm{W/cm^2}$) 对聚变燃料进行球对称压缩和加热, 从而实现热平衡态的聚变燃烧. 最近十多年来, 超强超短激光脉冲 (ps甚至fs量级) 的出现与迅猛发展, 已开辟了全新的相对论性超强激光等离子体物理学前沿领域. 超快超强激光和非球型靶材相互作用可以产生很高的等离子体温度和密度, 超短的脉冲使聚变反应远离平衡态, 有望对聚变驱动方式带来革命性的突破.

另一方面, 国内外超强激光和聚变物理研究的现状、发展态势已表明氢硼反应^{11}B(p, α)2α 是一种有潜力的聚变反应新途径. 相比传统燃料 DD 和 DT 引发的核聚变反应, 氢硼反应的优势明显: 产物是高能 α 粒子, 基本没有中子辐射, 是无中子的清洁燃料; 聚变原材料稳定并且丰富; 在热平衡状态下热核反应率也很高, 如图 10.18(a) 所示, 其值仅稍低于 DT 反应. 但是, 氢硼反应的库仑位垒更高, 因此反应所需要的能量也会随之变高. 传统加速器实验数据显示 p+^{11}B 聚变反应在 140keV 和 660keV 有两个比较明显的共振峰, 截面分别为 0.1barn 和 1.2barn (1 barn=10^{-28} m^2) 左右, 如图 10.18(b) 所示. 在低能 100keV 以下截面急剧下降, 与能量呈指数关系. 因此, 利用激光开展 p+^{11}B 聚变反应所需要的等离子体温度超过 100keV, 比 DD 和 DT 高出一个数量级, 这对驱动激光的功率提出了更高的要求. 如果仍采用传统的球型压缩的惯性约束聚变模式驱动氢硼聚变, 那么在高温热平衡下的轫致辐射损失会很大, 这样便会难以实现能量自持和增益, 故目前无中子氢硼聚变的研究仍停留在初级阶段.

在远离平衡态下驱动氢硼聚变可以有效地降低辐射损失, 有可能实现能量自持. 国际上有几家实验室正利用强激光开展相关研究, 它们基本上都采用以超强激光加速的质子束碰撞含硼平面靶来驱动氢硼聚变的构型. 例如, 法国 LULI 实验室利用 Pico2000 装置开展的两束激光方案的实验, 一束能量为 20J 的皮秒激光利用靶背鞘场加速 (TNSA) 离子加速机制, 加速产生 MeV 量级的质子束, 轰击由另外一束能量为 400J 的纳秒激光烧蚀含硼平面靶产生的等离子体靶, 得到了 10^7/sr 的反应产额[46]. 此外在捷克布拉格的 PALS 激光装置上, 研究人员利用调整单束 600J 长脉冲纳秒激光的脉冲形状, 来持续稳定压缩并加热三明治构型的氢硼硅平面靶, 产生氢硼核反应. 2014 年, 他们得到当时国际上最强流的 α 粒子源, 达到 10^9/sr[47]. 近期, 他们又进一步得到了新的产额记录, 即每发激光 10^{11} 的 α 粒子产额[48]. 即使如此, 这两个实验实现的最高聚变能量还不到 0.1J, 占驱动激光能量 (600J) 的比例小于 0.02%, 为了在激光驱动效率上有所突破, 还需要对超强激光的选择、激光与靶相互作用的物理机制、激光驱动方式以及靶型的设计等进行进一步的优化研究.

研究超强激光驱动氢硼反应, 探索并实现远离热平衡态的聚变反应, 涉及一系列关键的科学问题 —— 如寻找磁场辅助聚变反应的实现方式, 设计新型纳米微结构靶, 提高激光转化效率等, 甚至可以尝试多种多束激光 (纳秒、皮秒、飞秒) 的组合驱动. 这些对于摸索激光驱动下 ^{11}B(p, α)2α 反应堆的点火条件都具有重要意义. 目前我国上海光机所、复旦大学和上海师范大学已经在中科院先导项目的支持下开展了大量理论和实验研究, 复旦大学、中国原子能科学研究院和上海高等研究院

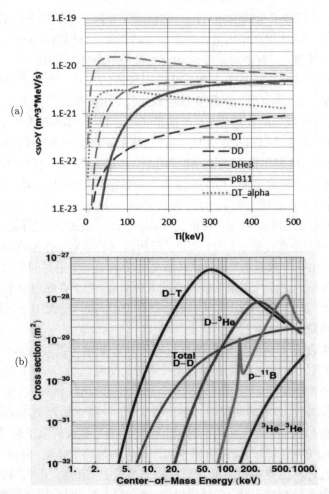

图 10.18　五种常见聚变反应的热核反应率 (a) 和核反应截面 (b). 图中横坐标均为能量 (单位: keV), 纵坐标为: (a) 热核反应率 (单位: $m^3 \cdot MeV/s$), (b) 核反应截面 (单位: m^2).[45]

近期在北京大学激光加速器 CLAPA 装置上成功开展了初步的氢硼/氘氚反应实验研究, 进一步丰富了无中子核聚变的研究内容.

10.2　离子加速过程中的伴生辐射

超强激光驱动等离子体加速的过程中, 也经常产生各种波段的高亮度伴生辐射. 目前实验上已经可以产生多种类型的次级辐射源, 例如太赫兹辐射[49]、中红外脉冲[50]、极紫外辐射[51]、K_α 辐射[52]、X 射线辐射[53]和 γ 射线辐射[54]等. 表 10.1

给出了基于超强激光与等离子体相互作用的部分次级辐射源的常见参数. 可以看到, 得益于激光超短超强的特性, 这些不同波段的次级辐射往往能实现很多传统方法难以达到的亮度. 下文将简单介绍几种基于固体靶的离子加速过程中的伴生辐射, 包括太赫兹辐射、极紫外辐射和 X 射线辐射.

表 10.1   基于超强激光与等离子体相互作用的部分次级辐射源的常见参数

辐射源	光子能量	光子数	亮度*	发散角	能谱特点	相干性
K_α 辐射	约 10 keV	$10^6 \sim 10^9$	10^{18}	4π rad	线状谱	非相干
Betatron 辐射	$1 \sim 30$ keV	$10^6 \sim 10^8$	10^{22}	几十 mrad	宽谱	空间相干
逆康普顿散射	10 keV~MeV	$10^5 \sim 10^7$	10^{21}	几十 mrad	准单能谱	非相干
表面高次谐波	几十 eV~keV	$10^8 \sim 10^{12}$	10^{28}	几十 mrad	宽谱	时空相干
太赫兹辐射	$10^{-4} \sim 0.1$eV	$10^{14} \sim 10^{17}$	10^{25}	约 1 rad	宽谱	时空相干

* 亮度单位为: 光子数/s/mm^2/mrad^2/0.1%BW.

10.2.1   太赫兹辐射

太赫兹 (THz) 辐射一般是指频率在 0.1THz 到几十 THz 范围内的电磁辐射, 在光谱上位于微波与远红外波段之间. 不同于微波与远红外波段, 太赫兹辐射具有很多独特的性质, 如对不同类型材料有不同的谱特征和吸收透过性等. 这些性质使得太赫兹辐射可以广泛应用于成像、物质检测、通信、材料科学等各种领域. 不同于其相邻的两个波段, 太赫兹范围内一直缺少高功率辐射源. 目前主流的产生太赫兹辐射的思路有两个: 一是基于超快飞秒激光的辐射源, 二是基于超短电子束的辐射源.

基于超快激光的太赫兹辐射源的代表方法是光导天线法和光整流法. 光导天线法中, 半导体在超快激光的作用下产生光生载流子, 然后在偏置电压的作用下形成瞬态电流, 进而向外辐射电磁波. 光整流法利用非线性晶体的差频效应, 当一束飞秒激光脉冲入射时, 对激光的各频率分量之间做差频, 进而产生太赫兹波段的辐射. 然而这两种方法有一个共同的问题, 就是受限于半导体击穿阈值与晶体损伤阈值, 无法一味地通过增强激光功率来提升太赫兹辐射的能量.

另一方面, 电子束可以通过多种方式产生电磁辐射: 当电子束经过两个介电常数不同的介质组成的交界面时会发生渡越辐射; 当电子的速度方向变化时会发生同步辐射; 当电子在透明介质中传播时会发生切连科夫辐射等等. SLAC 在 2013 年通过相干渡越辐射得到了单脉冲能量超过 600 μJ 的太赫兹辐射[60]. 这一类方法一般依赖于传统加速器, 因此都存在体积大、造价高的问题, 不利于推广与发展.

利用激光与固体靶相互作用得到的高能电子来产生太赫兹辐射, 可以在保持小体积的同时, 有效地将高功率激光转化为太赫兹辐射. 激光与固体靶相互作用会产生热电子, 当这些电子向前传播、穿过靶背时, 会形成鞘层场并造成离子加速. 与此同时, 电子会通过多种机制产生辐射: 一部分电子直接穿过表面继续传播, 形成渡越辐射; 一部分电子穿过表面后在靶背鞘场的作用下减速并反向, 形成韧致辐射; 同时, 靶背鞘场作为一电荷分离场, 其强度会随时间衰减, 在这一过程中也会发生辐射. 对于飞秒激光驱动的电子束, 通常其主要的辐射产生机制是渡越辐射. 当电子在经过两种介电常数不同的介质组成的交界面时, 由于电场的不连续性, 在交界面处会产生随时间变化的极化电流, 进而向外辐射电磁波, 这就是渡越辐射. 辐射的能量角度分布与电子的能量和入射角都有关系, 入射电子能量越高, 辐射的准直性越好. 对于飞秒激光驱动电子束, 电子束脉宽约等于激光脉宽, 小于太赫兹波长, 因此辐射通常为相干渡越辐射, 辐射强度大约正比于 N^2, N 为电子数目. 实验上通过一束能量为 60J 的皮秒激光与金属固体靶相互作用, 可以得到总能量高达 55 mJ 的太赫兹辐射, 能量转换效率约为 0.1%[61].

对于传统的固体靶离子加速, 由于固体靶前表面形成的等离子体具有陡峭的密度上升沿, 大部分激光能量被固体靶反射, 只有小部分能量传递给热电子, 导致激光到太赫兹辐射的能量转换效率相对较低. 为了解决这一问题, 一种可行的方案是利用烧蚀激光在靶前产生较大尺度的低密度预等离子体, 来增加激光到电子的能量沉积, 进而提升整体的能量转换效率[62], 图 10.19 为方案示意图. 具体过程为: 先用一束能量较低的烧蚀激光打到固体靶前表面, 引发靶体向前膨胀, 形成大尺度的低

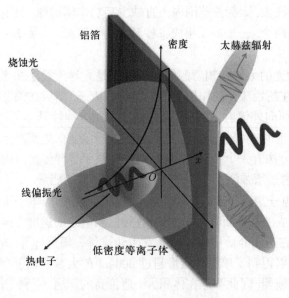

图 10.19   预烧蚀增益太赫磁辐射方案示意图[62]

密度预等离子体; 随后主脉冲激光与预等离子体相互作用, 产生大量超热电子; 电子经过靶背表面时, 通过渡越辐射产生太赫兹波.

在激光与铝靶作用的实验中, 如图 10.20 所示, 相比于没有烧蚀光作用的情况, 在有提前 100 ps 的烧蚀光作用的铝靶上可以观察到明显的太赫兹辐射增益, 这与理论和模拟的预测一致. 通过调节烧蚀光和主激光的延时, 实验发现对于太赫兹辐射的产生存在最佳烧蚀时间. 对于 μm 厚度的铝靶来说, 最佳的烧蚀时间在 100 ps 左右. 此外, 实验还探究了靶前烧蚀产生的高能电子在靶背产生的电磁脉冲 (EMP) 辐射, 观察到烧蚀对 EMP 也有明显增益.

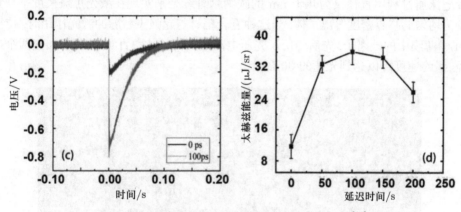

图 10.20　不同烧蚀时间下铝靶的太赫兹辐射产额[62]

10.2.2　极紫外辐射

极紫外辐射是一个光谱学上的概念, 一般指在软 X 射线和深紫外辐射之间的波段. 对极紫外辐射的波长范围并没有非常严格的定义, 传统认为波长在 $10 \sim 124$ nm 之间的辐射是极紫外辐射. 由于极紫外辐射的波长较短, 对应的光子能量超过 10eV, 在实际生活中并不常见. 在自然界中存在的极紫外辐射主要来自太阳的日冕层. 日冕层的温度高达 10^6K, 足以产生极紫外波段的热辐射.

随着技术手段的进步, 人类目前已经能够获得远远高于太阳亮度的极紫外辐射. 在实验室中产生的极紫外辐射主要分为两种. 一种是基于加速器电子束的极紫外辐射, 典型的就是同步辐射和自由电子激光 (Free Electron Laser, FEL). 另一种是基于等离子体的极紫外辐射, 其中相干光源有极紫外激光和高次谐波 (High Harmonic Generation, HHG) 等, 非相干光源有等离子体发光等. 高次谐波一般来源于激光与介质相互作用, 根据驱动激光强度的不同又可以分为气体高次谐波和等离子体表面高次谐波. 等离子体发光则可以根据驱动源的不同分为激光等离子体光源 (Laser Produced Plasma, LPP) 和放电等离子体光源 (Discharge Produced

Plasma, DPP).

利用超强飞秒脉冲激光加速重离子一直是激光加速领域的难点. 之前的大量实验研究中, 通常只能获得最高能量为几 MeV 每核子 (MeV/u) 的重离子. 而在相同条件下, 质子可被加速至近百 MeV, 远高于重离子. 这是因为, 要有效加速重离子, 需要将其在加速初始阶段就电离到高电荷态注入到加速场中, 并且保持足够长的加速时间, 一般情况下这两点很难同时实现. 实验研究发现, 通过一种由超薄超低密度碳纳米管泡沫与类金刚石 (DLC) 纳米薄膜组成的双层复合靶材, 可以成功地同时实现这两个条件. 图 10.21 给出了碳纳米管泡沫的电镜照片. 这种碳纳米管泡沫通过利用直径仅为几十 nm 的碳纳米管纤维来实现在激光焦斑尺度下获得较为均匀的临界密度等离子体. 当这种复合靶材与超强飞秒脉冲激光作用时, 位于DLC 薄膜中的碳离子, 先后经历了光压电离注入与长达数百 fs 的鞘场加速两个过程, 最终速度可以达到光速的 30%.

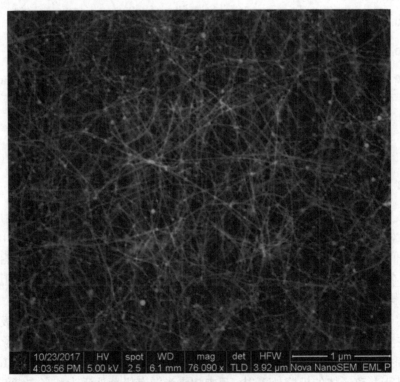

图 10.21　碳纳米管泡沫的电镜照片

在离子加速的同时, 实验上也可以测量到高效率的伴生极紫外辐射. 如图 10.22所示, 相对论激光作用于碳纳米管泡沫靶的过程中可以产生宽谱的极紫外辐射. 对照原子的辐射谱线分布, 可以发现这种极紫外辐射的短波段有很多的线辐射, 它们主要来自碳纳米管泡沫靶中的碳元素和铁元素. 在 $3 \sim 7$nm 的波段, 线辐射主要来自于 C^{5+} 和 Fe^{15+} 离子, 从 NIST 的数据库可知两者所需要的电离能分别是 490.0eV 和 489.3eV, 非常接近, 因此铁原子被电离到 15 价也是合理的. 这里碳离子和铁离子的价态与之前文献中类似激光强度下对应的场致电离价态也是相符合的[63].

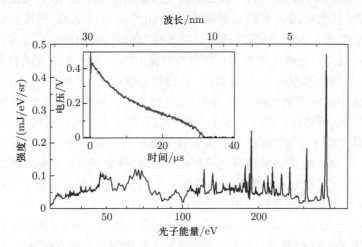

图 10.22   相对论激光作用于 60 μm 碳纳米管泡沫靶产生的极紫外辐射光谱. 插入的小图是同一发实验中 AXUV 二极管在 15° 方向上测到的辐射能量信号.

总的来说, 通过对光谱、能量和光源尺度的测量, 实验发现这种基于碳纳米管泡沫靶离子加速的伴生极紫外辐射有以下特点: 一是相对论激光与碳纳米管泡沫靶相互作用过程中可以产生宽谱的极紫外辐射. 这种极紫外辐射的光谱分布相对较为平坦, 在波长小于 10 nm 段线辐射的占比较高, 主要是来自碳元素和铁元素的辐射线, 在波长大于 10 nm 段则以连续辐射为主. 二是这种极紫外辐射具有一定的前向性, 考虑立体角后辐射总产额为 240 mJ, 对应的转换效率为 20%. 这种极紫外辐射对应的光源尺寸上限为 120 μm. 若假设这种极紫外辐射的主要能量分布在 10 ps 的时间内, 以光子能量 70eV 的辐射为例, 可计算得其亮度在 10^{20}个光子/s/mm²/mrad²/0.1%BW 量级, 与传统的第三代同步辐射光源相当.

这种伴生的极紫外辐射拥有很多的应用前景. 极紫外辐射的能量适中, 正好对应于原子外层或中层电子的跃迁能级, 因此可以利用极紫外辐射与外层或中层电子的耦合作用探测原子层面的电子能级结构和化学键组成, 从而提供一种全新的微观物质研究手段, 帮助理解宏观物质性质背后的物理原因. 由于极紫外辐射波长较短, 相对的衍射极限也较小, 用于显微成像的话可以实现几十 nm 的分辨率, 而更好地解析物质结构. 基于同样的原因, 极紫外辐射也可能适用于纳米加工和高精度光刻等.

10.2.3　X 射线辐射

利用飞秒激光驱动的 X 射线源相比于同步辐射光源有着亮度高、脉宽短、装置造价低、装置占地面积小等一系列优点, 在材料科学、透射成像、国防安检等领域都具有广泛的应用前景. 目前较成熟的飞秒激光驱动超短 X 射线源均采用低密度的气体靶, 从激光到 X 射线的转换效率在 $10^{-7} \sim 10^{-5}$ 量级, 这限制了其进一步的应用. 相比于气体靶, 一系列理论研究表明, 利用陡峭边界的、均匀的临界密度等离子体可以同时获得大电量的直接激光加速 (DLA) 电子和很强的自生横向驱动磁场, 进而实现高效率的 X 射线辐射. 其物理图像如图 10.23 所示: 激光在临界密度等离子体中向前传播形成通道, 同时发生相对论自聚焦和自陡峭等非线性效应. 与此同时, 等离子体中的电子会受到激光场的有质动力作用向前加速. 由于临界密度等离子体中电子密度较高, 这些被加速的电子会形成非常强的纵向电流和环向自生磁场. 环向磁场进一步约束电子在通道区域, 使电子发生包括共振加速在内的直接加速过程, 形成超过有质动势的高能电子. 这一过程也伴随着电子在电荷分离场、自生磁场和激光场共同作用下的回旋运动. 这种电子的类同步辐射运动可以非常有效地产生 X 射线. 此外, 如果利用第二层类金刚石 (DLC) 薄膜靶反射激光与直接加速电子进行对撞, 可以通过逆康普顿散射机制得到更高能量的 X 射线以及 γ 射线.

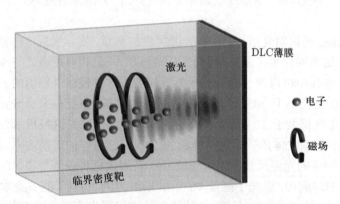

图 10.23　临界密度等离子体中的 X 射线辐射

在实验室获得均匀的临界密度等离子体却并不容易. 以常见的 800nm 激光为例, 其对应的临界密度 n_c 为 $1.8 \times 10^{21}/\text{cm}^3$. 常见的固体材料密度一般为 g/cm³ 量级, 在完全电离的情况下对应的等离子体密度为 $N_e = \rho Z N_A A$. 其中 $N_A = 6.02 \times 10^{23}/\text{mol}$ 为阿伏伽德罗常数, Z 和 A 分别为平均电离度和平均质量数. 因此对于常见的固体, 其对应的等离子体密度为几百 n_c, 无法直接作为临界密度靶材. 而对于另一种常作为电子加速靶材的气体喷嘴来说, 能够产生的等离子体密度一般

在 $0.01n_c$ 左右, 通常不适合作为临界密度靶材.

为了在实验中得到临界密度等离子体, 人们做出了多种的尝试. 实验研究发现, 利用碳纳米管作为临界密度靶材, 可以在实现高效率离子加速的同时, 获得高效率的 X 射线辐射. 利用 PW 激光器与碳纳米管靶相互作用, 可以在实验上将激光到 X 射线的转换效率提高到 1%, 同时 X 射线的平均能量可以达到百 keV. 这种前所未有的高效率飞秒 X 射线光源将极大地启发相关的研究工作.

此外, 理论和模拟研究发现, 利用碳纳米管靶得到的光子能量正比于光强的三次方. 基于此定标率, 如果采用目前正在建设的 10 PW 激光器与碳纳米管靶相互作用, 有望得到高效率的 γ 光源, 从而推动光核反应和实验室天体物理等研究.

参 考 文 献

[1] Patel P K, Mackinnon A J, Key M H, et al. Isochoric heating of solid-density matter with an ultrafast proton beam [J]. Physical Review Letters, 2003, 91(12): 125004.

[2] Gauthier M, Chen S N, Levy A, et al. Charge equilibrium of a laser-generated carbon-ion beam in warm dense matter [J]. Physical Review Letters, 2013, 110(13): 135003.

[3] Vozenin M C, Hendry J H, Limoli C L. Biological benefits of ultra-high dose rate FLASH radiotherapy: sleeping beauty awoken [J]. Clinical Oncology, 2019, 31(7): 407-415.

[4] Wilson J D, Hammond E M, Higgins G S, et al. Ultra-high dose rate (FLASH) radiotherapy: silver bullet or fool's gold? [J]. 2020, 9(2020): 1563.

[5] Chaffer Christine L, Weinberg Robert A. A perspective on cancer cell metastasis [J]. Science, 2011, 331(6024): 1559-1564.

[6] Steeg P S. Targeting metastasis [J]. Nature reviews cancer, 2016, 16(4): 201-218.

[7] Boustani J, Grapin M, Laurent P-A, et al. The 6th R of radiobiology: reactivation of anti-tumor immune response [J]. Cancers, 2019, 11(6): 860.

[8] Mole R H. Whole body irradiation–radiobiology or medicine? [J]. The British Journal of Radiology, 1953, 26(305): 234-241.

[9] Mclaughlin M, Patin E C, Pedersen M, et al. Inflammatory microenvironment remodelling by tumour cells after radiotherapy [J]. Nature Reviews Cancer, 2020, 20(4): 203-217.

[10] Yang G, Wu L, Chen L, et al. Targeted irradiation of shoot apical meristem of arabidopsis embryos induces long-distance bystander/abscopal effects [J]. Radiation Research, 2007, 167(3): 298-305.

[11] Yang G, Mei T, Yuan H, et al. Bystander/abscopal effects induced in intact arabidopsis seeds by low-energy heavy-ion radiation [J]. Radiation Research, 2008, 170(3): 372-380.

[12] Yang G, Wu L, Chen S, et al. Mitochondrial dysfunction resulting from loss of cytochrome c impairs radiation-induced bystander effect [J]. British Journal of Cancer, 2009, 100(12): 1912-1916.

[13] Yang G, Quan Y, Wang W, et al. Dynamic equilibrium between cancer stem cells and non-stem cancer cells in human SW620 and MCF-7 cancer cell populations [J]. British Journal of Cancer, 2012, 106(9): 1512-1519.

[14] Liu Y, Kobayashi A, Maeda T, et al. Target irradiation induced bystander effects between stem-like and non stem-like cancer cells [J]. Mutation Research/Fundamental and Molecular Mechanisms of Mutagenesis, 2015, 773(2015): 43-47.

[15] Liu Y, Kobayashi A, Fu Q, et al. Rescue of targeted nonstem-like cells from bystander stem-like cells in human fibrosarcoma HT1080 [J]. Radiation Research, 2015, 184(3): 334-340.

[16] Quan Q, Wang X, Lu C, et al. Association of extracellular matrix microarchitecture and three-dimensional collective invasion of cancer cells [J]. Biotechnic & Histochemistry, 2020, 95(8): 605-612.

[17] Lehrack S, Assmann W, Parodi K. Ionoacoustics for range monitoring of proton therapy [J]. Journal of Physics: Conference Series, 2019, 1154(2019): 012015.

[18] Bisogni M G, Attili A, Battistoni G, et al. Inside in-beam positron emission tomography system for particle range monitoring in hadrontherapy [J]. Journal of Medical Imaging, 2017, 4(1): 011005.

[19] Polf J C, Parodi K. Imaging particle beams for cancer treatment [J]. Physics Today, 2015, 68(10): 28-33.

[20] Jones K C, Nie W, Chu J C H, et al. Acoustic-based proton range verification in heterogeneous tissue: simulation studies [J]. Phys Med Biol, 2018, 63(2): 025018.

[21] Parodi K, Assmann W. Ionoacoustics: a new direct method for range verification [J]. Modern Physics Letters A, 2015, 30(17): 1540025.

[22] Sulak L, Armstrong T, Baranger H, et al. Experimental studies of the acoustic signature of proton-beams traversing fluid media [J]. Nucl. Instrum. Methods, 1979, 161(2): 203-217.

[23] Hayakawa J T Y, Arai N, Hosono K, et al. Acoustic pulse generated in a patient during treatment by pulsed proton radiation beam [J]. Radiation Oncohgy Investzgations, 1995, 3(1): 42-45.

[24] Assmann W, Kellnberger S, Reinhardt S, et al. Ionoacoustic characterization of the proton Bragg peak with submillimeter accuracy [J]. Med. Phys, 2015, 42(2): 567-574.

[25] Kellnberger S, Assmann W, Lehrack S, et al. Ionoacoustic tomography of the proton
      Bragg peak in combination with ultrasound and optoacoustic imaging [J]. Sci. Rep.,
      2016, 6(1): 29305.

[26] Lehrack S, Assmann W, Bertrand D, et al. Submillimeter ionoacoustic range deter-
      mination for protons in water at a clinical synchrocyclotron [J]. Phys. Med. Biol.,
      2017, 62(17): L20-L30.

[27] Haffa D, Yang R, Bin J, et al. I-BEAT: ultrasonic method for online measurement
      of the energy distribution of a single ion bunch [J]. Sci Rep, 2019, 9(1): 6714.

[28] Jones K C, Witztum A, Sehgal C M, et al. Proton beam characterization by proton-
      induced acoustic emission: simulation studies [J]. Phys. Med. Biol., 2014, 59(21):
      6549-6563.

[29] Jones K C, Vander Stappen F, Sehgal C M, et al. Acoustic time-of-flight for proton
      range verification in water [J]. Med. Phys., 2016, 43(9): 5213.

[30] Patch S K, Kireeff Covo M, Jackson A, et al. Thermoacoustic range verification using
      a clinical ultrasound array provides perfectly co-registered overlay of the Bragg peak
      onto an ultrasound image [J]. Phys. Med. Biol., 2016, 61(15): 5621-5638.

[31] Patch S K, Hoff D E M, Webb T B, et al. Two-stage ionoacoustic range verification
      leveraging Monte Carlo and acoustic simulations to stably account for tissue inhomo-
      geneity and accelerator-specific time structure - a simulation study [J]. Med. Phys.,
      2018, 45(2): 783-793.

[32] Rohrer L, Jakob H, Rudolph K, et al. The four gap double drift buncher at Munich
      [J]. Nuclear Instruments and Methods in Physics Research, 1984, 220(1): 161-164.

[33] Jones K C, Vander Stappen F, Bawiec C R, et al. Experimental observation of
      acoustic emissions generated by a pulsed proton beam from a hospital-based clinical
      cyclotron [J]. Med. Phys., 2015, 42(12): 7090-7097.

[34] Borghesi M, Campbell D H, Schiavi A, et al. Electric field detection in laser-plasma
      interaction experiments via the proton imaging technique [J]. Physics of Plasmas,
      2002, 9(5): 2214-2220.

[35] Kar S, Ahmed H, Prasad R, et al. Guided post-acceleration of laser-driven ions by a
      miniature modular structure [J]. Nature Communications, 2016, 7(1): 10792.

[36] Barberio M, Vallières S, Scisciò M, et al. Graphitization of diamond by laser-
      accelerated proton beams [J]. Carbon, 2018, 139(2018): 531-537.

[37] Barberio M, ScisciòM, Vallières S, et al. Laser-accelerated particle beams for stress
      testing of materials [J]. Nature Communications, 2018, 9(1): 372.

[38] Barberio M, Scisció M, Vallières S, et al. Laser-generated proton beams for high-
      precision ultra-fast crystal synthesis [J]. Scientific Reports, 2017, 7(1): 12522.

[39] Barberio M, Giusepponi S, Vallières S, et al. Ultra-fast high-precision metallic nanoparticle synthesis using laser-accelerated Protons [J]. Scientific Reports, 2020, 10(1): 9570.

[40] Tabak M, Hammer J, Glinsky M E, et al. Ignition and high gain with ultrapowerful lasers [J]. Physics of Plasmas, 1994, 1(5): 1626-1634.

[41] Kodama R, Shiraga H, Shigemori K, et al. Fast heating scalable to laser fusion ignition [J]. Nature, 2002, 418(6901): 933-934.

[42] Azechi H, Mima K, Shiraga S, et al. Present status of fast ignition realization experiment and inertial fusion energy development [J]. Nuclear Fusion, 2013, 53(10): 104021.

[43] Theobald W, Solodov A, Stoeckl C, et al. Initial cone-in-shell fast-ignition experiments on OMEGA [J]. Physics of Plasmas, 2011, 18(5): 056305.

[44] Hand E. Laser fusion nears crucial milestone [J]. Nature News, 2012, 483(7388): 133.

[45] Putvinski S, Ryutov D, Yushmanov P. Fusion reactivity of the pB11 plasma revisited [J]. Nuclear Fusion, 2019, 59(7): 076018.

[46] Labaune C, Baccou C, Depierreux S, et al. Fusion reactions initiated by laser-accelerated particle beams in a laser-produced plasma [J]. Nature Communications, 2013, 4(1): 2506.

[47] Picciotto A, Margarone D, Velyhan A, et al. Boron-broton nuclear-fusion enhancement induced in boron-doped silicon targets by low-contrast pulsed laser [J]. Physical Review X, 2014, 4(3).

[48] Giuffrida L, Belloni F, Margarone D, et al. High-current stream of energetic alpha particles from laser-driven proton-boron fusion [J]. Phys. Rev. E., 2020, 101(1-1): 013204.

[49] Liao G, Li Y, Liu H, et al. Multimillijoule coherent terahertz bursts from picosecond laser-irradiated metal foils [J]. Proceedings of the National Academy of Sciences, 2019, 116(10): 3994-3999.

[50] Nie Z, Pai C-H, Hua J, et al. Relativistic single-cycle tunable infrared pulses generated from a tailored plasma density structure [J]. Nature Photonics, 2018, 12(8): 489-494.

[51] Yeung M, Rykovanov S, Bierbach J, et al. Experimental observation of attosecond control over relativistic electron bunches with two-colour fields [J]. Nature Photonics, 2017, 11(1): 32-35.

[52] Huang K, Li M H, Yan W C, et al. Intense high repetition rate Mo K_α X-ray source generated from laser solid interaction for imaging application [J]. Review of Scientific Instruments, 2014, 85(11): 113304.

[53] Cipiccia S, Islam M R, Ersfeld B, et al. Gamma-rays from harmonically resonant betatron oscillations in a plasma wake [J]. Nature Physics, 2011, 7(11): 867-871.

[54] Ta Phuoc K, Corde S, Thaury C, et al. All-optical Compton gamma-ray source [J]. Nature Photonics, 2012, 6(5): 308-311.

[55] Subiel A. Feasibility studies on the application of relativistic electron beams from a laser plasma wakefield accelerator in radiotherapy [D]. Glasgow: University of Strathclyde, 2014

[56] West D, Sherwood A C. Radiography with 160 MeV protons[J]. Nature, 1972, 239 (5368): 157-159.

[57] Wang W, Shen B, Zhang H, et al. Large-scale proton radiography with micrometer spatial resolution using femtosecond petawatt laser system [J]. AIP Advances, 2015, 5: 107214.

[58] Roth M, Cowan T E, Key M H, et al. Fast ignition by intense laser-accelerated proton beams [J]. Physical review letters, 2001, 86(3): 436.

[59] Taichiro G. Radiation as an in situ auto-vaccination: current perspectives and challenges [J]. Vaccines, 2019, 7(3): 100.

[60] Wu Z, Fisher A S, Goodfellow J, et al. Intense terahertz pulses from SLAC electron beams using coherent transition radiation [J]. Review of Scientific Instruments, 2013, 84(2): 022701.

[61] Liao G, Li Y, Liu H, Scott G G, et al. Multimillijoule coherent terahertz bursts from picosecond laser-irradiated metal foils [J]. Proceedings of the National Academy of Sciences of the United States of America, 2019, 116: 3994-3999.

[62] Geng Y, Li D, Zhang S, et al. Strong enhancement of coherent terahertz radiation by target ablation using picosecond laser pulses [J]. Physics of Plasmas, 2020, 27(11): 113104.

[63] 寿寅任, 潘卓, 曹正轩, 等. 基于碳纳米管泡沫的高效宽谱极紫外辐射 [J]. 光学学报, 2022, 42(11): 257-263.